学び直し高校物理
挫折者のための超入門

田口善弘

JN053010

講談社現代新書
2738

図版・イラスト／千田和幸

はじめに —— 物理に挫折したあなたに

　この本は、高校物理の挫折者や、履修はしなかったが、あらためて学び直したいという初学者を想定して書かれたものだ。

　基本コンセプトは天下りにしない、ということに尽きる。高校の物理の教科書はややもすると「世界はこうなっている」という法則や公式が「どん！」と与えられて「信じる者は救われる」とばかりに話が進んでいく。疑問を提示すると「じゃあ、実験で実際にそうなっていることを確認しなさい」といなされてしまう。しかし、実際に実験で確認できたからといって納得感があるかというとそれは別問題だろう。

　物理学者を主人公とするとある有名な連続TVドラマの主人公の口癖は「すべての現象には必ず理由がある」だ。だとしたら、物理学者がそういう形（法則や公式）で世界を記述しようと「思った」ことにも理由があるはずだ。

　何かとてもおいしい料理を作るレシピがあったとしても、ひとつひとつの手順に納得感がなければ釈然としないだろう。固い食材を煮るときは長めに火を通し、煮崩れしやすい食材は中火や弱火で短時間にとどめる。おいしい料理を作ることができるレシピのひとつひとつの手順には合理的な理由があるはずであり、それが納得できなければレシピを理解したとはいえない。

同じように自然界を記述する公式や法則についてもなぜ、導き出されたかという理由があるはずだ。「こうなりました。昔の人が考えた結果です！」じゃなく、「改めて一から考えたら今の公式や法則って自然な考え方ですよね」と納得できたら、物理に対する苦手意識が払拭できるのではないだろうか。

「なぜそのように考えるか？」の「理由」を説明することができれば、よいレシピを学ぶことで自作の料理を考案できるように、目の前の現実に対して「自分で考えて答えを出す」ことができるようになるかもしれない。

　本書では、高校物理の教科書に登場するお馴染みのテーマを題材に、物理法則が導き出された「理由」を読者とともに考えていく。このような目的に即して考えた場合、高校で用いられる物理の分類、「力学」「電磁気学」「熱力学」「波動」「その他現代物理学」（量子力学や相対論）といったカテゴリは必ずしも最適とはいえないのだが、そこを換骨奪胎してしまうと高校の教科書の何をどう学び直したのかわからなくなってしまうのでそこまでは踏み込まなかった。

　本編は以下のような流れで学び直しを進めていく。

「力学編」では、すべての基本である質量の説明から始めて、等速直線運動、斜方投射から揚力へと進んだあと、運動量やエネルギーの保存について論じる。

　次に、「電磁気学編」では、電荷、静電気力、電場、電力、ローレンツ力を説明して（その中で磁場の説明も行う）、電磁波の説明で電磁気学編を終える。

「熱力学編」では、熱力学のいろいろな法則、第一・第二法則、熱機関と冷却器を論じる。

　そして「波動編」で、波についての一般論、ドップラー効果、屈折、偏光、反射を説明する。

　最後に「原子・分子編」で、駆け足になるが量子力学にも触れる。

　こんなふうに書くと、ずいぶんと堅苦しい本と思われるかもしれないが、教科書というよりは楽しんで読めるように、たとえ話や歴史的なエピソードを交えて、ずいぶんとかみ砕いて解説した。高校物理の教科書にお馴染みの数式や無味乾燥な記述も極力控えた。

　前述したように本書が想定しているのは、高校物理の挫折者や物理に対する憧憬を捨てきれない文系物理ファン、そして高校物理の無味乾燥で天下り的な記述に違和感を覚えている読者である。数式や計算式などをがっつり盛り込んだ本格的な高校物理の解説書を期待される方には、「思っていたのと違う」となってしまうので、別の成書をご覧になることをお勧めしたい。

　さて、最後に僕が読者の皆さんに（勝手に）期待していることを述べて「はじめに」の結びとしたいと思う。日本物理学会は、毎年会員である物理学者がみずからの研究をお互いに開陳しあう「年次大会」という研究発表会を開催している。毎回、何千人もの日本中の物理学者が一堂に会し、丁々発止のやりとりを展開するのが通例となっている。物理学会はこの年会の一画に中高生（高校生が中心）が物理学に関するみずからの研究を年会に

参加した物理学者の前で発表する「Jr.セッション」なるものを2005年から継続的に開催している。

　筆者は発足当時から提出されたレポートの採点や、レポートで選抜された中高生の「Jr.セッション」での発表の評価に関わってきた。もちろん、中高生は難しい大学の物理学は学んでいないから、年会で物理学者が発表するような内容を発表できるわけではない。それでも、往々にして物理学者も感心するような意欲的な発表をしてくれる。高校までの物理の範囲だって、ちゃんとわかればかなり難しいことを議論することが可能になる。現役の中高生でさえそうなのだから、この本で高校物理を学び直したれっきとした大人の皆さんならきっと、「Jr.セッション」に参加する中高生にもひけをとらない立派な研究発表ができるレベルになると筆者は信じている。

目次

第1部
力学編

　力学は比較的にわかりやすい分野だと思われている。それは多分に我々が力というものを直接感知できる感覚器（センサー）を備えているからである。どんな力学の教科書も「力」とは何か、をいちいち説明したりはしない。それはあまりにも明らかだからだ。力学に登場するほかの物理量、たとえば、速度なんていうのも直観的にわかる物理量だ。このように登場人物たちのわかりやすさから力学は比較的とっつきやすいとされている。しかし、登場人物がわかりやすいからと言ってその振る舞いがわかりやすいとは限らない。たとえば、力と速度にはどんな関係があるか、ときかれて、瞬時に答えられる人は少ないだろう。本書の冒頭を飾る力学編ではなじみやすい登場人物たちがどんなふうな（我々が知らないような）振る舞いをするかについて説明したい。

Chapter 1

物理は質量がすべて
（質量とは何か）

　高校物理の説明を始めるに当たってもっとも重要なことは何か。それは「質量」だと思う。まだ、質量とは何かを説明していないのに、なぜ質量は重要なのかを説明するのは簡単ではないが、挑戦してみよう（以下では質量がなんとなく「重さ」というものと関係しているという程度の理解でもわかるようにする）。

　まず、質量は必ず保存する。質量の担い手は変わってしまうこともあるけれど、質量が減ったり増えたりすることはない。たとえば、木材を燃やした場合、一見、木は燃えてなくなってしまったように見えるけれど、実際には、燃焼で発生する気体（二酸化炭素や水蒸気）を構成する原子の一部として使われてしまっただけであり、燃焼で発生した気体のうち、木材由来の部分の質量を全部集めると、減ったり増えたりはしていないことがわかる。

　何かが、忽然と現れたり、消えたりする、ということがけっしてない、というのはきわめて重要な事実であり、科学の基礎となる概念だと言ってもいい。それは魔法や超能力が（たぶん、けっして）存在しない、ということと不可分ではない。

　さらに質量の保存はエネルギーの保存とも絡んでいる。かの有名なアルベルト・アインシュタインの公式、$E = mc^2$ は、高校物理を習わなかった方でも一度はご覧になったことがあるだろう。E はエネルギー、m は質

量、c^2 は光速の 2 乗を意味する。光速は約 30 万 km/秒という途方もない速さなので、c^2 はとてつもなく大きな数字である。この式を見れば、わずかな質量であっても膨大なエネルギーを秘めていることがわかる。広島や長崎に投下された原爆も、質量をエネルギーに転換することで爆発的なエネルギーを引き出した。

　高校の物理の教科書では最後のほうで式だけ出てくる質量とエネルギーの等価性だが、これは特殊な状況でだけ成り立つ話ではなく、日常にも関係している話だ。たとえば、下記のような、ごく単純な電気抵抗を含んだ回路を考えよう。

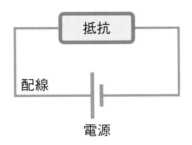

　この回路では電流が流れることにより、電源のエネルギーが失われ、そのエネルギーは抵抗で発生する熱エネルギーに変わる。つまり図で下から上に向かってエネルギーが移動していることになる。エネルギーと質量は等価なので、この回路は全体としては（重心の位置を考えると）最初から上に向かって動いていたことになる。こんなふうに質量というものは物理学全体の基本となるような重要な概念なのである。

なぜ「重さ」ではダメなのか

　というわけで、まず、「質量」の定義から考えていこう。質量という言葉自体、あまり日常的に使われることがない。その理由は日常生活において質量が直接問題になることはまずないからである。質量にいちばん近い概念で日常的に使われる言葉は「重さ」である。じゃあ、なんで「重さ」じゃダメで「質量」じゃないといけないのか？

　「重さ」という概念は「荷物が重い」という言い回しからわかるように「力」と結びついている。幸か不幸か、我々は「力の大きさ」を感じることができるセンサーを生得的に持っているので、何かを持ち上げたり、水平な床や地面の上でものを押したり引いたりする際に必要な力の大きさを容易に感じることができる。ものには「重さ」という属性があり、それを動かしたり持ち上げたりするのに必要な「力」の大小でそれを定義するというのは理にかなっている。

　僕はいま、動かしたり持ち上げたりすると言ったけれど、実際、同じものを水平な面の上で動かすときと持ち上げるときでは「重さ」は違う。普通は持ち上げるほうが大変で、水平に動かすほうが楽である。同じ物体なのになぜなのか？　それはかかっている力が違うからである。持ち上げるときには地球から及ぼされる重力が物体にかかっているので、それに抗して動かさないといけない。一方、ただ横に動かす場合には主に物体と床や地面の間に働く摩擦力に抗して動かさないといけない。まったく異なった力だが、どちらも「重いほうがより大きな

力が要る」というのは同じなので、お互いに矛盾がなく同じく「重い」という言葉で違和感なく表現されている。

しかし、実際には持ち上げるときと動かすときには力の大きさは違うので同じ物体に対して2つの重さが定義されてしまって不都合だ。

ここで人類は「持ち上げるときに必要な力」のほうを「重さ」の基準にすることにした。なぜなら、動かすほうの力は床や地面の状態で値が変わってしまうのに対して、持ち上げるときに必要な力は同じだからだ。この結果、ものを持ち上げるときに必要な力で重さすなわち「重量」が定義された。

これで一件落着ならよいのだが、「重量」にはもうひとつ大きな問題があった。場所によって、重量の値が変わってしまうのだ。ご存じのとおり、月面では人間の体

重さの概念「重量」は、ものを持ち上げるときに必要な力で定義する
（アフロ）

重は地球上での約6分の1になる。静止軌道上にある宇宙ステーション内は無重力なので、体重はほぼゼロになる。このように場所によって「重量」はコロコロと変わってしまう。普遍的な物理現象を記述する「物理量」としてはいい加減で使い勝手が悪い。

　そこで、この問題をわかりやすく解決するために導入された「重さ」の新しい尺度が「質量」という概念である。質量とは、端的に言えば、物質の動きにくさの度合いである。物質の質量は、地球上でも、宇宙ステーションでも、月面でも同じである。

「質量」の定義には加速度が必要

　この質量という概念には、「重さ」という人間が体感できるものによる定義は使われていない。質量を定義するにはまず、最初に「加速度」という人間には非常にわかりにくい概念を考えないといけない。「いや、加速ってわかりにくくないよ？　普通に感じている」と言うかもしれないが、そういう人が感じているのは「加速度」ではなく「加速力」、つまり、加速度によって生じている力のほうである。人間はほかにも、物体の表面の滑らかさを指でなでるときの力の大きさで感じたり、あるいは、疾走しているときに顔に当たる風の強さで速度を、というように「力」を通じて非常に多様なものを認識しているので、認識しているもの（＝加速）が、それそのものではなく、それによって生じた「力」を感じているにすぎない、ということを忘れがちである。
「加速度」は速度が時間とともにどれくらい変化する

か、という割合である。式で書くとすると、

$$加速度 =（速度の変化）／（経過時間）$$

となる。加速度が増えると、加速度によって生じる力も大きくなるから、我々が実際に感じているのは加速力なのに加速度を感じていると勘違いするのだ。加速度を増やすには必要な力も増えるが、加速度と力の増え方にはどんな関係があるのだろうか？　たとえば、力が２倍になったら加速度も２倍になるのだろうか？　それとも力が２倍になったらその２乗倍で加速度は４倍になる？こればっかりは実験で確認するしかない。

　物体を同じ力で引っ張り続けて動かした場合（ただし、摩擦は無視できる環境で！）の加速度を測ってみる。同じ物体で力が２倍の場合の加速度も測ってみる。物体を同じ力で引っ張るとどんどん加速して速度が速くなるので簡単ではないが、そこはがんばって同じ力で引っ張り続けたとしよう。その結果わかったのは「加速度は加える力の大きさに比例する」ということだった。つまり、加える力を２倍にすれば加速度も２倍になるのである！　そこで、

$$質量 = 力／加速度$$

と定義する。こうすると「重いものほど動かすのが大変」という重さについての直感的な理解を表現できる。たとえば、力の大きさが同じなら、動かしにくい物体は、加速度が大きい物体に比べて、質量が大きくなる。すなわ

ち「重たい」（質量が大きい）ものほど動かしにくいという直感的な理解に合致している。

　また「質量＝力／加速度」という式には重力が登場しないので、重力を持ち出さなくても人間が直感的に感じている「重さ」が定義できる。

　また、実験的事実から、

$$重力＝質量×重力加速度$$

という関係が成り立つ。質量が２倍になると重力も２倍になるので、重力を質量で割って定義される「重力加速度」は質量の大きさによらず一定になる。つまり、質量の大きさによらず、物体は同じ加速度で落ちることになるが、これは実験事実に合致している。というわけで「重量」という人間にわかりやすい重さの概念じゃなく、「質量」という人間にはわかりにくい重さの概念を物理学では採用することになった。

「慣性の法則」ってなんだろう

　この「質量」という概念があると、さまざまな物理現象を明快に説明できるようになる。たとえば、ガリレオ・ガリレイが発見したとされる「慣性の法則」がそうだ。

　慣性は「運動している物体は、その運動を持続しようとする性質を持つこと」を意味する言葉だ。「物体に力が働かない場合、物体は静止し続けるか、同じ速度で運動し続ける（等速度運動）」。

　慣性は何かしら単位があって量が測れるようなもので

はない。質量があるものにはすべて慣性が備わっているが、慣性の大きな物体と小さい物体があるわけではない。その意味では慣性とは、質量のある物質が持っている性質を持っているかどうか、つまり、有無を示すだけの言葉である。

質点（大きさはないが質量がある存在を物理学ではこう呼ぶ）を水平に投射した場合を考えよう。もし、重力がなければ、その質点は水平を保ちながらただまっすぐ進む。だが、地球上では水平投射された質点はまっすぐに飛ばず、その軌道は下に向かってねじ曲げられる。重力が働いているからだ。

質点の運動の軌跡は一般にこのまっすぐ進みたいという慣性の法則と、それをねじ曲げる重力とのせめぎあいで決まる。初速が遅ければ重力の効果は大きく、軌道は大きくねじ曲げられる。一方、初速が速ければなかなかねじ曲げられず、比較的まっすぐ飛ぶことになる。

ここで思考実験をしてみよう。ボールをけっして地面に落ちないように投げるにはどうすればいいか？　地面が平らなら、無限に速い初速が必要なはずだ。しかし、ご存じのとおり、地球は平らではなく、球形をしている。

ある時期まで、人類は地球が平らだと思い込んでいた。地球が丸いと（正しく）看破した人間は笑われたという。「丸い？　じゃあ、反対側の人間はどうなるんだ？　真っ逆さまに落ちてしまうではないか？」と。だが、これは「重力は上から下に働いている」という大きな誤解に基づいている。実際には重力は上から下に向かって作用などしていない。重力は地球の中心に向かって働いているのであって、「たまたま」それが「上から下」

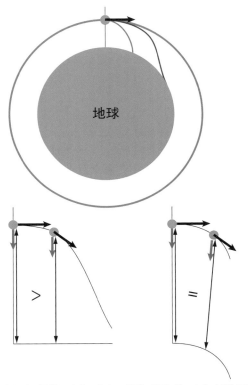

上の図を見ながら解説しよう。もし、地球が平らだったら水平に飛ぶことはありえず、地面との距離は減ってしまうので（左図）、いつか質点は地面に衝突してしまう。しかし、地面が曲がっているのなら地面と質点の距離はずっと同じまま（右図）でけっして衝突しないこともありうる（赤い矢印は重力の方向、黒い矢印は質点の速度）。

地球は丸いので、水平投射の速度が遅いとき（上の図の、赤や青の軌跡の場合）は地面に激突してしまうが、ちょうどよい速度で発射すれば地面にぶつからず一周できる可能性がある（上の図の緑の線の軌跡）。そして実際そのような速度は存在する。もし、地球が凹凸のない完全な球で大気もない真空なら、うまくやれば、投げたボールが一周回って自分の背中にぶつかるのを経験できるはずである

という方向に一致しているだけだ。

　ボールを投げて、絶対地面に落ちないようにするには質点の水平投射速度をどれくらいにすればいいか、という問題に戻ろう。もし、地面が平らでなく曲がっているなら、質点が下がっていくにしたがって、地面も「下がって」いくので、地面に必ず衝突するわけではないかもしれない。そうなると、「地面に衝突しないようにするためには無限に速い初速が必要だ」という前提はもはや正しくないかもしれない。

　さらにもう一点、重力は上から下に向かって働いているわけではなく、地球の中心に向かって働いている、という事実も加味する。そうすると、地面に向かって落ち始めた質点にかかる重力は実際には下向き、ではなく、（最初の向きからすると）ちょっと斜めになる。こういうことをすべて考慮すると質点が地面に引き寄せられる割合と、地面が下がっていく割合がちょうど同じくらいの場合、すなわち、地面と質点の距離が変わらない場合がありそうな気がする。これはもはやまっすぐな運動ではないが、地面と質点の距離、つまり質点の高度が変わらないのだから、水平な運動と思ってよいだろう。

　逆説的に言えば、地球が丸い、という事実を人類が理解するためには「重力に引かれて下に向かって落ちているはずの質点がいつまで経っても地面に落ちないで水平に飛んでいるように見える」という事実を確認するだけでよかったはずだ。この事実を見れば「地球は平らではありえず丸くなくてはならない」ことを嫌でも認識せざるを得ない。

　残念ながら地球上には空気抵抗もあるし、凸凹もある

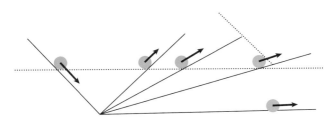

ガリレオが考えた慣性の法則

斜面を滑り降りてまた登る質点を考える。摩擦がなければ質点は斜面を同じ高さまで上がるだろう。登るほうの斜面の傾きを減らしていったら、斜面上を登る距離はどんどん長くなる。では、登るほうの斜面の角度をゼロにしてしまったら？　いつまで経っても同じ高さにはなれない以上、質点は永遠に動き続けると考えた。

このようにガリレオが考えた慣性の法則はあくまで重力の方向に垂直な向きの運動である。地球が丸いことも、重力は地球の中心に向かって働くことをも認識していたガリレオは、自分が考えた「慣性の法則」に基づく運動が実際には直線運動のわけはないことをはっきり認識していたとされている。つまり、ガリレオが考えていた慣性の法則にしたがう運動は等速直線運動というより地球の周囲を一周する円運動だったということだ

ので、「地表から１ｍの高さを維持しながら地球を一周する質点の運動」を我々は見ることができない。だが、もし、それができたら、うまい速度でボールを水平に投げてやれば、そのボールは長い時間の後、地球を一周してあなたの背中に当たったことだろう。それができないのはつくづく残念な話だ。

　ちなみに、ガリレオが発見した「慣性の法則」はあくまで重力に垂直な方向、つまり、水平方向に沿った運動であり、地球が丸いことを認識していたガリレオは、慣性の法則にしたがった地上での水平運動は、直線ではありえず、曲がった軌道になるだろうということを正しく認識していたそうだ。

この「地面に向かって落ちているはずの質点が地球が丸いせいでちっとも落ちなくて、そのまま一周してしまう」という現象を工学的に応用したのが人工衛星である。

　たとえば、アメリカの実業家イーロン・マスク率いるスペースX社はこの技術を使ってウクライナ紛争で有名になったスターリンクという名の衛星電話を実現した。2024年1月時点で約5000機という膨大な数の通信衛星が地球の周りを周回し、地上に設けられた基地局間の通信を担っているという。

　スマホなどを使う場合、通常は間近にある基地局と端末でデータ通信を行い、基地局間の通信はケーブルを使うのだが、この基地局間の通信を衛星で肩代わりするのが衛星電話である。

　衛星は地上から見て上空に止まっているわけではないが多数の衛星を飛ばすことで個々の衛星は通り過ぎてもいつも複数機の衛星が基地局上空にいるようになる。そうすることで、基地局間をケーブルでつなぐことなく、スマホによる通話を可能にする。これも一度打ち上げたら落ちてこない人工衛星という技術があって初めて可能なことである。

　原理的にはこれは飛行機でも実現できるが、つねに燃料を消費しないと空中にとどまっていられない飛行機を使ったのではとてもペイしない技術になってしまうだろう。

Chapter 2

曲がっていても実はまっすぐ
（等速直線運動）

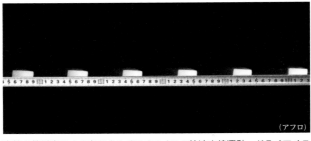

(アフロ)

高校の教科書によく出てくるドライアイスの等速直線運動。ドライアイスは室温で直接気体になるので床面との間に気化した二酸化炭素の膜ができて浮き上がり、摩擦なしで運動することで疑似的な等速直線運動になる

「等速直線運動」とは、一直線上を一定の速さで進む運動のことをいう。等速直線運動は質点に何も力が働いていないときに生じる運動である。それは直感的には「まっすぐ」飛ぶことを意味している。じゃあ、まっすぐ、とはどういうことだろうか？　「まっすぐはまっすぐであってどういうこともへったくれもない」と思うかもしれない。じゃあ、定規がない場合にまっすぐな線を引く方法は？

　答えは簡単である。平面上に2点を置いて紐をピンと張ればいい。言い方を変えれば、2点間の最短距離を進む線が直線だ。ただし、最短距離はいつも直線かというとそうはいかない。地表面で2点間の最短距離は直線ではない。直線だったら地面にもぐってしまう。実際の

球面上の2点間をつなぐ最短距離は「直線」ではなく、2地点を通る大円（球の半径と同じ半径を持つ円）の一部の円弧である

ところ、地表面（＝球面）上の2点間を最短距離で進む線は直線じゃなく地球の半径と同じ半径を持つ円（大円）の一部分（円弧）だ。

宇宙空間における「直線」とは

　では、宇宙空間で「直線」とはなんだろう。宇宙空間は「平ら」なのか「曲がっている」のか？　これはあんまり簡単な話ではない。もし、生物がいて一方は平面、一方は球面に住んでいたとしたら、球面に住んでいるほうは2点間を最短距離で結ぶ線が直線じゃなく大円だということに気づけるだろうか？　とてもそうは思えない。「まっすぐ直線を歩いているつもりなのに気づいたら元の位置に戻っていた」という事態が起きて初めて気づくかもしれないが。

　我々が住んでいる宇宙は「曲がっている」のか「平ら」なのか。答えは「曲がっている」が正解だ。というか、我々が重力だと思っているものは、実際には空間の歪みに等しい。そして空間を歪めているのは質量やエネルギーの存在である。歪んでいる空間では、質点はまっ

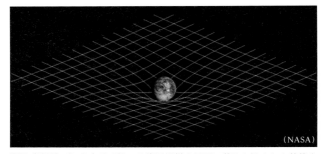

(NASA)

質量（地球）が、2次元で描いた格子模様の平面に落とし込まれた状態を描いた説明図。現実の世界は3次元であるが次元をひとつ犠牲にする代わりに上下方向（面に垂直な方向）を位置エネルギーの大きさに使っている。地球のそばの空間は位置エネルギーが小さくなっているのであたかも穴に向かって落ちていくように周囲の物体が引き込まれる。しかし、これは実際には「空間そのものが曲がっている」からである

すぐ飛ばない。むしろ、空間が歪んでいてまっすぐ飛ばないことを「重力が働いていて軌跡が曲げられている」と「解釈」しているというほうが正しい。空間が歪んでいるのだから、光さえまっすぐには飛ばない。その「曲がり方」がとても少ないので、普通は感知できないだけである。光さえまっすぐ飛ばない、という状況ではそもそも、空間が歪んでいることを認識するのも難しいだろう。

　次の図を見てほしい。空間が曲がっていれば光も曲がって進む（図左）。この場合、我々にはまっすぐな空間（図右）が見えるだろう。光が柱に沿って曲がって飛んできたとしても、僕らにはまっすぐな壁（実際は柱）沿いに光が直進してきたようにしか見えない。

　これによく似たのが、蜃気楼や逃げ水だ。これらは重力とは全然関係ない理由で光の進路が曲がってしまうた

24

空間が曲がっていれば光も曲がって進む（左）が、この場合、我々にはまっすぐな空間（右）が見えるだろう。●は何らかの物体であり、矢印はその物体から発せられた光を表現している

めに、実際にはありもしないものが見える現象だ。我々は、途中でどんなに光が曲がっていても、目に入ってくる直前の光の方向に物体があるようにしか見えない。そのため、空中にあるはずのない建物や水面が現れたりする蜃気楼や逃げ水などが起こる。私たちは、蜃気楼や逃げ水が幻にすぎず、現実がそうじゃないと最初から知っているから平然としていられるが、もし、こうした知識がない人たちが蜃気楼や逃げ水を目にしたら、幻想的な風景を見て慌てふためいただろう。

蜃気楼

　光は密度が大きいほど遅くなる傾向がある。海面の温度が低いと海面すれすれの空気は冷やされて密度が大きくなるので光速が遅くなる。すると、光の経路が曲がる。しかし、我々にはそんなことはわからず光はまっすぐ来たと思うので、地上にある家が空中に浮かんで見える（なぜ、速度差があると曲がるかは波動編参照）。

　このように光が屈折することで蜃気楼は起きる。物体からあらゆる方向に反射された光のうち我々の目に見えるのはその一部にすぎない。温度差がないとき光は大気中を直進するので、目を物体と直線で結ぶ方向の光だけ

が目に見える。冷たい空気と暖かい空気が重なりあう境界の狭い範囲で空気の温度が連続的に変化するような場合、そこで光の屈折が起きる。このような層ができるとき、光は温度の低い（＝密度の大きい）ほうへ屈折しカーブを描く。

2018年6月30日、魚津埋没林博物館から見える富山市方向に出現したバーコード状に伸びた上位蜃気楼、下の写真は実景
（富山県魚津市の特別天然記念物 魚津埋没林博物館）

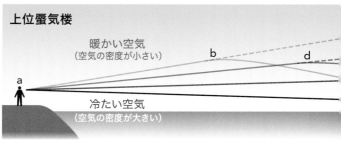

（富山県魚津市の「特別天然記念物 魚津埋没林博物館」のHPにある「蜃気楼」の解説を参考に作成）

下の図は、上が暖かく下が冷たい空気層で起きた蜃気楼の模式図だ（上位蜃気楼）。上へ向かう光線の一部が屈折して下へ戻り、観察者の目に届く（凸形にカーブした光線、下図上の a − b − g や a − d − f）。これに対して、上位蜃気楼とは反対に、上が冷たく、下が暖かい空気層では光が凹状にカーブするので、実際の風景が下に見える下位蜃気楼が起きる。

逃げ水

　上位蜃気楼とは逆のメカニズムで起きる（すなわち下位蜃気楼と同じ）。地面の温度が高いと地面すれすれの空気は熱せられて密度が小さくなるので光速が速くなる。すると、光の経路が凹状に曲がる。しかし、我々にはそんなことはわからず光はまっすぐ来たと思うので、地面の中に物体が見える（次ページの図）。

　一方、もとの物体からの直接の光も見えるので、地面が鏡になって風景を映しているように見える。これは地面が濡れていて水たまりがあるときに見える現象と同じなので、道路に水たまりがあると感じる。水たまりに近

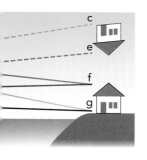

づくと曲がった光は目に入らなくなり、この現象はなくなって代わりに遠方に水たまりが見えるようになる。これが水たまりが遠ざかり「水が逃げた」ように感じられるので「逃げ水」という名前が付いた。

光は波面に垂直に進む。熱せられた地面に近いほど空気の密度は小さく、光の速さは速くなるため、一定時間ごとの波面は地面に近いほど間隔が広がる。したがって光は次第に湾曲しながら進み、反射されたように見える。

注意：実際は反射ではなく屈折である

地面に近いほど高温

注意：物体からはあらゆる方向に光が出ており、たまたま目に飛び込む光の進路が下図のようになっているのである

下位蜃気楼での光線の進み方
右：逃げ水が発生しているとき目に映る風景　上：逃げ水の原理。上位蜃気楼とは逆で物体から下方に向かって発せられた光が下に凸なカーブを描いて運転席の運転者の目に入る。しかし、人間には曲がってきたことはわからないので、地面の中にある物体から光が来たように見える。しかし、地面の中に物体があるわけはなく、脳

（アフロ）

は「水たまりがありそこで光が反射した」という無難な解釈をするしかないので、ありもしない水たまりを認識する羽目になる。車が物体に近づくとカーブした光が目に入るだけの距離がとれなくなり、カーブした光は見えなくなるのであたかも水たまりが消失したように見える

曲がるメカニズムはよく似ている

　蜃気楼や逃げ水のように空気中で光が曲がることと、重力で光が曲がることは違うように思えるかもしれないが、実はよく似ていている。

下の図は大気中の屈折率の差で光が曲がる場合と重力で曲がる場合の比較である。どちらも赤い線は光が直進する場合を示し、青い線は屈折が起きる場合を示している（左の図の赤線は大気中の屈折率が場所によらず一定なので屈折が起きない場合に相当し、右の図の赤線は重力が存在しないので直進する場合に相当する）。

　大きな違いは、左の図は縦軸も横軸も空間なのに、右の図では縦軸が空間で、横軸は時間だということである。つまり大気中の光の屈折は空間で起きているが、重力による屈折は空間ではなく、時間と空間をまとめて考えた時空中で起きている。

　大気中の光の屈折の図では、地表からの距離が遠くなる（高くなる）ほど屈折率が小さく（光の速度は速く）なっている。一方、重力による光の屈折の図では地表からの距離が遠くなる（高くなる）ほど位置エネルギーが大きくなり光速は速くなっている。前者の場合、光が曲がる

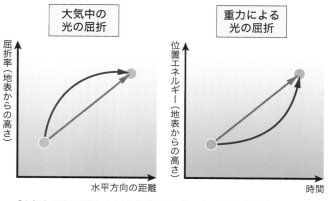

「大気中の光の屈折」（図左）と「重力による光の屈折」（図右）

理由は単純で、2点間を最短時間で移動する場合にはまっすぐ移動するより、遠回りしても上空の速度の速いところを通ったほうが短い時間で移動できるからである。

　これはこんな状況を考えるとわかりやすい。下の図のA地点からB地点に行きたいとする。しかし、左半分は泥濘（ぬかるみ）で歩くのが大変。右半分は乾いた地面。さて、あなたはどんな経路でA地点からB地点まで行きたいだろうか？

　A地点からB地点を結ぶ直線？　いやいや、きっと泥濘を移動する距離は最低限にしてA→C→Bと移動したいと思うだろうし、実際、このほうがきっとはやくB地点にたどり着ける。あなたが泥濘を避けたいのと同じように光も速度が遅いところは避けて最短距離を進む。その結果、光は「屈折する」ことになる。

　重力による光の屈折が起きるのも同じような理由だが、そこで最短時間で移動するのではなく、時空間内での移動距離が最短になるように移動する。最短なら直線

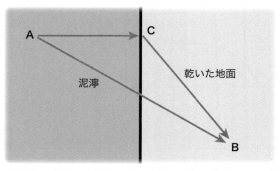

もっとも最短の経路は、直線ではなく、乾いた地面を経由する回り道

がもっとも短いのではないかと思うかもしれないが、高いところ（＝位置エネルギーが大きいところ）を移動したほうが「距離」が短くなることが知られており、これが「時空が曲がっている」と言われるゆえんとなっている。実際、重力による光の屈折は別名「重力レンズ」と呼ばれており、地表（＝星）から距離が遠いほど屈折率は小さい（＝光速は速い）ことが知られている。

　実は、「重力があると光が曲がる」という現象を説明する方法には、2つのアプローチがある。ひとつは、アインシュタインの一般相対性理論を用いたもの、もうひとつは高校で習ったニュートン力学の範囲を超えないように説明する方法だ。

　高校で習う物理学では、質量がゼロなら重力はゼロになる。どうやって光が「曲がる」ことを説明するのかと思うかもしれないが、ニュートン力学でこれを説明することは可能だ。

　もともと、物が重力で落下するときの重力の大きさはその物体の質量に比例する。

　つまり、

$$重力 ＝ 質量 × 重力加速度$$

と書ける。ここで重力加速度は質量によらず一定である。加速度が一定ということはどんな質量のものを考えても、まったく同じような軌跡を描いて落下するということである。軌跡が質量の大小に関係ないなら、ゼロでもいいんじゃないか、と考えることもできそうだ。ならば、質量がゼロの光も、質量が有限の質点と同じ軌跡を

描いて落下するはずだ。これが高校で習う普通の力学で考えた場合の光の軌跡である。

　かなり屁理屈っぽい感じはするが、質量がゼロの光の場合も成り立つと強引に言い張ってしまえば、ニュートン力学であっても、光がどのように曲がるか計算できる。この計算結果と一般相対論の予測は幸いにも異なっていたので、どっちが正しいかの白黒をつけるのに使うことができた。

　決着をつけたのは、天空の星から来た光が太陽のそばを通過するときにどれくらい曲がるか、の観測である。普通は太陽がまぶしすぎて星の光なんて見えないのだが、日食のときはこれが可能だ。そして観測の結果、一般相対論のほうが正しいと結論された。

　20世紀初頭の著名な天文学者エディントンは、相対性理論による光の屈折を観測するため、1919年5月29日の日食をわざわざアフリカのプリンシペ島に遠征して観測した。そのとき撮影した太陽の近くに見えるヒアデ

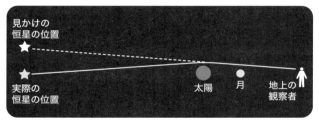

エディントンの実験
太陽のすぐそばを通過する光は太陽の重力のせいで歪んだ空間を通過するので曲がる。この結果、見かけの位置が本当の位置からずれてしまう。このずれの大きさで空間の歪みが一般相対論の予測どおりかを確認することが可能になる

ス星団中の恒星の写真を太陽がそばにいないとき（つまり夜間）の位置と比べることで、太陽のそばを通過した光が何度くらい曲がったのか計算したのだ。

計算結果はニュートン力学による予測より、一般相対論の予測のほうが観測結果に近かった。これは一般相対論の最初の実験的な（観測的な）確認になった。

質量がない光さえ重力で曲げられてしまうのだからそもそも「等速直線運動」を考えようと思ったら空っぽな宇宙にたった1個の質点とか、たった一筋の光しかない（つまり、質点や光が通過するべき空間を歪めるものが存在しない）という状況以外ありえない。そういう意味では「等速直線運動」は現実にはありえないほど理想化された状況にしか出現しないものである。にもかかわらず、わりと簡単に実現できるように考えられるのは、そのずれがとっても小さくてまず目に見えないからにすぎない（高校では台車などを使って等速直線運動の実験を行うことになっている）。

次ページの図は一般相対論で議論される、質量によって歪んだ空間の例であるシュヴルツシルト解。中心にブラックホールに相当する質点がある。実際の空間は3次元なのでこのような絵を描くことはできない。この解は完全な真空の場合の解である真空解でもあることが知られているので、中心の一点以外の宇宙空間になんの物質もなくても空間がこんなふうに曲がってしまうことはありえる（もっとも質量を真ん中に置かないでこういう空間を作り出す方法があるとは思えないが）。

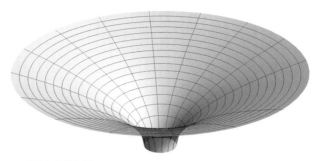

シュヴルツシルト解

実際の空間は3次元なのでこのような絵を描くことはできない。この絵では2次元平面上にブラックホールがある場合を示しており、高さ方向（3次元目）は空間内の距離ではなくエネルギーの大きさを表している。山のてっぺんとふもとを考えた場合、ふもとからてっぺんに行くには汗をかいて仕事をしないといけないので、山のてっぺんのほうがエネルギーが大きい。一般に高いところはエネルギーが大きく低いところはエネルギーが小さいのでこの「差」を利用してたとえば滑り台では上から下に何もしなくても滑り降りることができる。同様にブラックホールの周辺ではブラックホールに近いほどエネルギーが低いのでブラックホールの周囲の物体は滑り台を滑るがごとくブラックホールに向かって落ちていく。この効果を「高さ」として模式的に描いたのがこの絵である。しかし現実は3次元なのでこれと同じ絵を3次元で描こうとすると空間の3次元＋エネルギーの大きさを表す1次元で4次元が必要になってしまうので、この絵と同じ絵を3次元空間について描くことはできない

Chapter 3

兵器とは切っても切れない力学
（斜方投射）

　高校の物理学の、力学分野の授業で判で押したように、最初のほうに習うのが、斜方投射である。実はこの斜方投射はつねに兵器と共にあった、と言っても過言ではない。

　キリスト教とは無関係な人でも、ダビデとゴリアテの逸話はたぶん一度は聞いたことがあるだろう。このエピソードは、旧約聖書の『サムエル記・上　17章』に登場する。ダビデは古代イスラエルの王で、紀元前1000年頃〜紀元前961年に在位したと伝えられる。このエピソードが実話かどうかはわからないが、状況設定にはそれなりに説得力がある。

　ダビデとゴリアテの逸話はだいたいこんな感じだ。

ダビデとゴリアテの戦い

ダビデ側のイスラエル人とゴリアテ側のペリシテ人は敵対関係にあって一触即発の状況だった。ゴリアテは、イスラエル側に、無駄な血を流さないため、一騎打ちで勝敗を決しようと申し出た。ところがこのゴリアテがとてつもない巨人（旧約聖書の記述では３ｍほどあったという）だったので、応じる者がなかった。そこにまだ年端も行かない少年だったダビデが申し出て、投石器だけでゴリアテをうち倒し、ゴリアテ自身の刀を使って首をはねてとどめをさした（以下では革ひもで作られていて手動で投石する器具を「投石器」、より大型で複雑な機械仕掛けを伴っていて攻城などを目的としたものを「投石機」と書き分けることにする）。

　この投石器、というものは、名前こそ大げさだが、基本、ただの革ひもである。それでループを作り、広い部分に石を入れ、ビュンビュン回転させて勢いをつけたところでパッと片方のひもを放し、石を高速で打ち出す、というだけの代物だ。まさに、初速と発射位置を決めたあとの軌跡は斜方投射（斜め方向に初速を与えて、あとは重力の力にまかせて落下させるような運動）にほかならず、「斜方投射兵器」と言ってもバチは当たらないだろう。

　ダビデがゴリアテを倒すのに使ったとされる革ひもを用いた投石器は、弓と並ぶ人類が最初に発明した長距離武器とされ、紀元前１万年くらいの中石器時代にはすでに狩猟目的で実用に供されていたと、考えられている。農耕が発達し、人間が富を蓄え、その奪いあいが始まるようになると、投石器の標的は獣から人間になった。

　ゴリアテとダビデの逸話は、神話のような物語にすぎないが、投石器を装備した軽装の機動部隊が、重装の歩兵部隊を時に戦場で翻弄したのは史実のようだ。

カタパルト
（アフロ）

　その後も、人類は斜方投射を武器として活用し続けた。都市文明が発達し、戦闘の重点が、大きな砦や、城に立てこもった敵を追い落とすことに移ると、今度は攻城用の投石機、いわゆるカタパルトが、出現する。石を投げる動力としては、動物の腱の弾力を用いたもの、重りの反動を用いたものなどさまざまだが、投擲後の軌道制御には斜方投射以外頼るものがなかったのは変わりがない。

高校物理でも頻出する斜方投射の問題

　ここで斜方投射の教科書的な解説をしておこう。斜方投射とは、「物体をある初速度をもって空中に斜めに投げ出したときの、物体の運動」のことをいう。

　空気抵抗が小さくて無視できる場合、斜方投射された物体の軌跡は放物線を描く。この斜方投射は、ガリレオが「ピサの斜塔」の実験で行った、持っていた球をただ落とすだけの「自由落下運動」のバリエーションと説明

したら驚くだろうか。

　ガリレオは、「初速」をつけずに、持っていた球を離して、下に落としたが、斜方投射はこれに「初速」が加わっただけにすぎない。

　空中に放出した後に、働くのは「重力」のみで、空気抵抗さえ無視すれば、斜方投射で放出された石の軌跡は「重力」の変数として記述できる。たとえどのような初速をつけたとしても、放出後には重力以外の力は物体に働かないので、斜方投射も自由落下運動の一種と説明できる。

　斜方投射の本質は、水平方向は等速度運動なのに対して、鉛直方向は下方向きの等加速度運動であるということだ。等加速度運動とは、一定の加速度で進む運動のことで、自由落下や斜面に球を転がしたときの運動がその典型例だ。

　斜方投射の特質として、鉛直方向の運動と水平方向の運動が独立している。

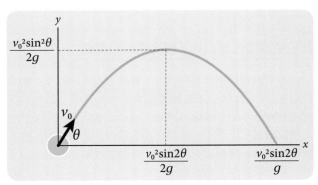

初速 v_0、角度 θ の発射角で斜方投射した物体の軌跡のグラフ

これを問う、以下のような問題を考えよう。

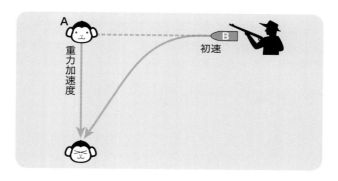

　同じ高さにある2つの質点AとBを考える。AもBも重力加速度で自由落下するがBだけは水平方向にAに向かって初速を与えるとする。AとBが落下途中でぶつかるためのBに与える初速の大きさは？（水平方向に打ち出すのも斜方投射の一種だということに注意）

　この問題は一見、難しそうに見える。だが、答えはなんと「どんな初速でも必ずぶつかる」である。なぜか？

　まず、AとBは落下している間ずっと同じ高さだということに気を付けよう。Bは水平方向には初速が与えられているが、鉛直方向には初速を与えられていないので、鉛直方向の運動はAとBでまったく同じだからだ。ずっと同じ高さを維持するなら、水平方向でBがAと同じ位置に来たとき、Aはそこにいるのだから、必ずぶつかる！

　この問題は一般化できて、AとBが同じ高さにいないときも同じことがいえる。Bに与える初速をAの方向にしておくだけでよい（大きさはまったく関係ない）。Bが水

平方向でＡと同じ位置に来たとき、Ａはそこにいるはずである。なぜなら、重力による落下距離はＡもＢも同じで、全体が鉛直方向に下方に平行移動しているだけなので、ＡとＢの相対的な位置関係は、重力があろうが無かろうがまったく関係ないからだ。

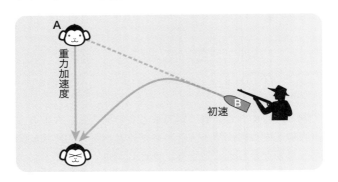

　この原理はモンキーハンティングという実験でも証明できる。

　モンキーハンティングとは、銃声が鳴ると同時にサルが木から落ちた場合、銃口がサルのほうを向いていれば必ず弾丸は命中するという物理現象である。高校物理ではモンキーハンティングの実験を行っているところもあるので、実際に体験された方もいるかもしれない。

ガリレオと斜方投射

　火薬が発明され、長距離兵器の飛距離が飛躍的に伸びても、斜方投射は重要なファクターとして残り続けた。力学の創始者として押しも押されもせぬ存在であるガリ

レオでさえ、自分が砲術に卓越していることを今でいう就職用の履歴書に記していたほどだ。

驚いたことに、17世紀のガリレオ以前に斜方投射が学術的に研究された記録はないようだ。そんなバカな話はないだろうと思うかもしれない。「三平方の定理」は「ピタゴラスの定理」という別名からもわかるように紀元前のギリシャ時代に発見されたものだ。だから、斜方投射なんて簡単な運動が、火薬で発射する大砲が発明されるまで全然研究されなかったらしいというのはちょっとびっくりする。

天才ガリレオでさえ、斜方投射を理解するために不可欠な事実、つまり、「鉛直に落下する質点の落下距離は落下時間の2乗に比例する」という法則を見つけるのにかなり苦労した。この法則の発見が遅れたのはおそらく、物差しさえあれば簡単に測れる「距離」ではなく、正確に測るのが難しい「時間」が関わっているからだろう（ガリレオは時間を水時計で測ったようである）。斜方投射の運動を初めて解明したガリレオはこれをちゃっかり軍事転用して、「軍事コンパス」というものを作って売り出したようだ。

この軍事コンパスは標的まで砲弾を飛ばすための火薬量を自動的に計算すると銘打って売られていたようだが、実際には標的までの距離と標的の高さを計測するだけの機械だったようだ。

航空機が発達し、爆撃が効果的な攻撃手段となってからでさえ、爆弾の軌跡は基本的に、斜方投射に頼るしかなかった。

斜方投射では、水平方向の等速度運動と鉛直方向の等

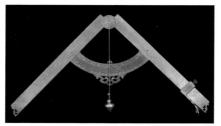

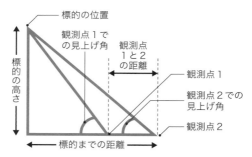

標的の位置

観測点１での見上げ角

観測点１と２の距離

観測点１

観測点２での見上げ角

観測点２

標的の高さ

標的までの距離

ガリレオの軍事コンパス（写真）とそのしくみ
標的の見上げ角を２つの観測点で測ると同時に、２つの観測点の間の距離を測る（距離の計測は歩数などを使ったようだ）。この３つの量から三角関数の公式を駆使することで、標的の高さと標的までの距離がわかるので、どのような角度でどのような初速で打ち出せば標的に命中するかを計算できる

加速度運動の２つの組み合わせで到達地点が変わる。そのため、同じ発射点から投擲した場合、標的にクリティカルヒットする初速と発射角の組み合わせは無数に存在することになり、話は複雑になった。

　通常の火器では、初速の自由な制御は難しく等速で発射される仕様が普通であるため、ほとんどの場合、飛距離の制御に使えるのは発射角の制御のみである。そのた

め、どれくらいの初速で発射できるように砲を設計する
かが、まず問題になった。初速が決まってしまえば、も
っとも遠距離に到達するのは発射角が45度のときだが、
この場合、着弾角も45度に固定されてしまう。

　しかし、この角度が、最大限の打撃能力になるとは限
らない。たとえば装甲に弾頭が着弾した場合、一般には
跳弾と言って弾が跳ね返されて貫通力が鈍る可能性があ
り、これは着弾角が浅い場合に起きやすい。初速が一定
の場合、着弾距離を発射角でしか制御できないので、着
弾距離が決まると、着弾角も決まってしまうから長い間
これは悩ましい問題だった。

　スマート兵器とも呼ばれる精密誘導兵器が開発されて
初めて、人類の兵器は斜方投射から解放された。いまで
は、弾道兵器は携帯型の、歩兵が持ち歩けるサイズのも
のまで精密誘導兵器と化している。発射角と飛距離の問
題も、軌道の精密制御でどんな距離から撃っても、装甲
に直角に激突して、最高の性能を維持できるように設計
がなされている。

　そんな時代でも、人類はまだ、斜方投射から完全に自
由になれていない。たとえば、ICBM（大陸間弾道ミサイル）
のような長距離兵器で、すぐ隣の国を攻撃するには、ロ
フテッド軌道と言ってわざと鉛直に近い角度で打ち上げ
て、水平方向の速度を殺す以外に選択肢がない。

　それでも人類が作る飛翔体で、斜方投射の軌道に沿っ
て飛ぶものはスポーツの世界にしか存在しない、という
時代はいつか来るだろう。そうなったらきっと、高校の
物理学で斜方投射が、力学的運動の代表みたいなでかい
顔をすることはなくなるんだろうな、と僕は思っている。

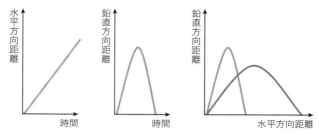

斜方投射と発射角

水平方向の距離は時間とともに単純に増えていく一方、鉛直方向の距離はある時刻で最大になったあと、減少に転じる。初速が一定の場合、もっとも遠くに飛ぶのは発射角が45度のとき（赤）だが、その場合、着弾角も45度に固定されてしまい、跳弾の可能性が高まる。意図的に上方に打ち上げることで近い場所を狙うことも可能（青、ロフテッド軌道）

Chapter 4

飛行機はなぜ飛ぶのか？
（揚力）

飛行機は人工衛星か？

「地表すれすれにだって、人工衛星は落ちないで地球を回ることはできる。ただし、空気抵抗があるからそれは無理だ」と前に書いた。それでは空気抵抗で減速しないように加速することで、飛行機は人工衛星と同じ意味で地球を周回しているのだろうか？

実際のところ、飛行機がジェットエンジンを噴射し続けているのに加速せず一定の時速で飛んでいるのは、空気抵抗と釣り合うだけの推力をジェットエンジンが生み

（アフロ）

離陸時の巨大なジェット旅客機。現代の科学技術の粋を集めて作られた機体には巨大なジェットエンジンが積まれているのが常だが、この強力なジェットエンジンにも直接機体を持ち上げるだけの推力はない。実際に機体を持ち上げているのは翼が発生させる揚力である

出しているからだ。

　意外に思われるかもしれないが、ジェットエンジンの推力は、機体を浮き上がらせる方向（つまり重力に逆らう方向）にはまったく働いていない。水平方向に加速しているだけなのだ。上下方向の加速には貢献していないのに、ジェット機が墜落しないのだから、「空気抵抗を打ち消して人工衛星になっているのでは？」と思うのも無理はない。

　だが、残念ながらそうではないのだ。仮に空気がなかった場合、飛行機が地表すれすれに飛ぶ人工衛星になるために必要な時速は、２万8500kmというとんでもない

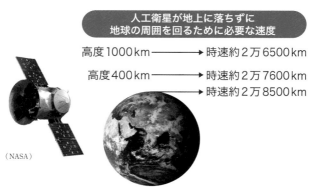

人工衛星が地上に落ちずに地球の周囲を回るために必要な速度

高度1000km ──────→ 時速約２万6500km

高度400km ──────→ 時速約２万7600km

──────→ 時速約２万8500km

（NASA）

地表からの距離（高度）と人工衛星の速度の関係
人工衛星が落ちずに地球の周囲を回るには、重力と釣り合うだけの遠心力を発生させる必要がある。遠心力は時速が速いほど大きくなるが、重力は地表からの距離（高度）が大きくなるほど弱くなるので、それに応じて時速も減らしていかないと釣り合わなくなる。一方、十分に高空であれば空気は薄くなり、あるいは、ほぼ真空になって空気抵抗に打ち勝つための推力は要らなくなるので、人工衛星はジェットエンジンなどなくても一定速度を維持できるので永遠に落ちずに地球を周回できる

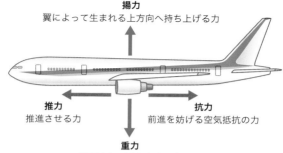

揚力
翼によって生まれる上方向へ持ち上げる力

推力
推進させる力

抗力
前進を妨げる空気抵抗の力

重力
地面方向へ引き寄せる力

飛行機に働く力

速度なのだ。これは音速を時速に換算したときの時速約1200kmの20倍以上、つまり、マッハ20以上という速度になる。有人飛行機の最高速度記録はX–15というアメリカの極超音速機が達成したマッハ6.7だと言われている。ジェット旅客機が人工衛星として飛ぶのに必要な速度は人類には達成できない高みなのだ。

　それでは、ジェット旅客機は上下方向の推力を持っていないのになぜ落ちないで飛び続けられるのか？　それは翼にかかっている圧力（揚力）のおかげだ（揚力は高校物理の教科書には登場しないが、ここでは説明を続ける）。

　翼にかかる圧力の総和は翼面積に比例する。だからジェット旅客機は非常に大きな翼を必要とする。持ち上げるべき重量は体積に比例するが、飛行機を持ち上げる揚力は翼面積に比例する。

　だから、大きな飛行機ほど、胴体に比べて大きな翼面積にするか、あるいは、単位面積当たりの揚力を大きくしないといけないのだ。

速度

迎角

水平線

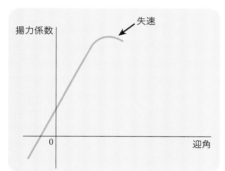

失速

揚力係数

0

迎角

揚力と迎角の関係
迎角が大きいと揚力
も大きくなるが迎角
が大きくなりすぎる
と失速する

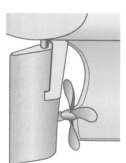

進行方向にたいして斜めの板（＝舵）
を置くことで船に回転力を与え、船の
向きを変える

同じ翼面積で揚力を大きくするにはどうするか？　実は翼にかかる単位面積当たりの揚力は飛行速度の2乗に比例することが知られている。重量に比例して翼を大きくできない場合は、飛行速度を上げるしかない。重い飛行機はより速い速度で飛ばないと自重を支えきれないのだ。

　ジャンボジェットのような巨大な航空機は、その重い機体を持ち上げるために、長い滑走路で加速して、離陸に必要な揚力を得る必要がある。逆に軽いセスナは、低速でも十分な揚力が得られるので、短い滑走路でも離陸できる。

　一方で、飛行機は好き勝手な速度で飛ぶことはできない。決められた速度より速く飛んだら揚力が大きくなりすぎて上昇してしまうし、それ以下の速度で飛んだら、揚力が足りなくて落下してしまう。

　しかし、これではあまりに不便なので、実際には飛行機を上にやや傾ける（迎角）ことで揚力を調整している。機首を上げると、揚力は大きくなり、下げると揚力は小さくなる。だから、高速で飛びたいときは機首をやや下げ、遅い速度で飛ぶときは機首を上げる。なので、水平飛行しているときも実は飛行機の床は少しだけ傾いている。嘘だと思ったら今度飛行機に乗るときにパチンコ玉かビー玉を持っていってそっと床の上に置いてみよう。静かに玉が転がり始めるのがわかるだろう。

　飛行機の翼に働く揚力はほかのことにも応用されている。たとえば、船の舵。舵は進行方向に対して斜めの板（＝舵）を置くことで船に回転力を与えて船の向きを変えさせるものだが、これは「（飛行機の機首を）やや上に向

けておくと速度が遅くても落ちない」という話と対応している。

　また、いわゆるプロペラやスクリューも同じ原理である。翼や舵の場合は、動いているのは水や空気のほうだが、プロペラやスクリューの場合には動いているのはプロペラやスクリューのほうで、水や空気は止まっているという違いがあるだけである。

　スクリューとプロペラにはずいぶんと大きな見た目の違いがある。なぜだろうか。液体と気体の違いだろうか？　しかし、扇風機の羽根は飛行機のプロペラより、船のスクリューと似た格好をしている。ということは気体と液体の違いではない。では違いはなんだろう？

　答えは「液体（気体）を動かそうと思っているかどうか」の違いである。船のスクリュー（あるいは扇風機の羽根）の形状は幅が広く、螺旋状になっているのでこれは液体（気体）を「動かす」のが目的だ。船のスクリューの場合、液体を「動かす」ことでその反動で（難しいことをいうと運動量が保存するので液体が後方に動く分だけ船が前に動かないと、動き出す前の「運動量がゼロ」の状態と矛盾してしまうから）船は前に動くし、扇風機は羽根で空気を動かそうとしている。じゃあ、なんで飛行機のプロペラはこの原理（気体を押し出してその反動で進む）を採用しなかったのか？

　それは「密度」の違いにある。スクリューを回転させることで液体や気体に与えることができる速度は決まっている。しかし、力は液体や気体の速度だけで決まるわけではなく、その密度にもよっている。同じ速度で液体や気体を押し出してその反動で前に進もうと思っても、

飛行機のプロペラ

船のスクリュー

(『日本大百科全書』収録の図〈©青木隆氏〉を参考に作成)

スクリューとプロペラ
動いているのは周囲の水や空気である舵や翼に対して、スクリューやプロペラでは周囲の水や空気は動いていない。スクリューやプロペラは、周囲の流体に対して傾いている羽根を動かすことで推力や揚力を生み出している

　液体に比べてずっと密度が小さい（軽い）気体を押し出したときの反動は、液体を押し出したときのそれに比べてはるかに小さくなってしまう。むろんその場合、それを補うほどにスクリューを速く回転させればいいのだが、残念ながら液体と気体の密度の差は1000倍にも達する。じゃあ、気体中で液体中の1000倍の速さでスクリューを回転させることができるかというとそんなことは工学的に容易ではないわけだ。

　結果、プロペラは、スクリューより薄い作りにしてうんと速く回転させることを容易にする形状になった。1回転当たり「押し出す」ことができる気体の量は格段に減るが、より高速に回すことができるので十分な推力が得られる。スクリューとは似ても似つかないあの「飛行機のプロペラ」の形状には必然的な理由があるのだ。

船のスクリューの回転数は毎秒1回程度だが、飛行機のプロペラの回転数はセスナ機でも毎秒30〜40回はある。それでも足りないので、セスナのプロペラの大きさは、スクリューと船体の大きさの比に比べれば、胴体に比べてはるかに大きい。

　「動く」という観点からは空気抵抗や水の抵抗は邪魔者（船が速く走れないのはほとんど水の抵抗が大きいせいである）とされがちだが、水や空気があることで動けている場合も多い。摩擦がゼロだったら地面を蹴ることもできないので「歩行」そのものが無理になる、というのと話はよく似ている。

Chapter 5

トラックと乗用車が衝突すると、なぜ大事故になるのか？
（運動量保存則）

トラックに対する恐怖感は物理的に正しい

　乗用車に乗って高速道路を運転しているとき、後ろに大きな10トントラックがぴったりとついていたら、なんとなく恐怖感や圧迫感を覚えないだろうか。たとえトラックが法定速度を守り、安全運転をしていたとしても、その恐怖感や圧迫感は消えない。後ろについているのが、乗用車やバイクだったら、そこまで怖くは感じないのに……。

　実は物理学的にみて、この恐怖感はきわめて理にかな

大型トラックとの正面衝突で激しく損傷した普通自動車（アフロ）

ったものだ。実際、普通自動車どうしの事故と、10トントラックと普通自動車との事故では、被害の大きさがまるで違うのだ。

　しかし、普通自動車だって人間をはねたら殺してしまう程度には危険な代物だ。いくら大きいと言っても同じ車にすぎない大型トラックがからむと、なぜ被害がそんなに違うのか。車の損害には差があるにしても、乗っている生身の人間の損害もそんなに違うものだろうか。仮にそこまで大差があるとしたらなぜなのか。実は、こうした疑問は「運動量保存則」を知っていれば、スンナリと解決するのだ。

運動の激しさを示す「運動量」で事故を分析

　ふだんあまり使われることはないが、運動の激しさを示す「運動量」という物理量がある。運動量は、質量と速度の積と定義される。高校の物理の教科書では、外から力が及ばない「物体系」（「系」とは注目する物体のグループ）では、〝質量と速度の積で定義される運動量は保存する〟と習う。世に有名な「運動量保存の法則」だ。式にすると、

$$運動量 ＝ 質量 × 速度 ＝ 一定$$

である。運動量は質量と速度をかけたものだ。質量が保存する（普通自動車もトラックも質量は変わらない）以上、速度も保存する。つまり、「速度＝一定」ということでもある。これは「止まっているものはずっと止まってい

る、動いているものは動き続ける」ということを意味するので、運動量保存則は、「慣性の法則」を含んでいることになる。

　一方、運動量保存則は、外から力が働いているときには成り立たない（ただし、内部で相互作用的に力が働いている分には問題ない）。その場合には運動量保存則は、

運動量（＝質量×速度）の変化分＝力×（力がかかっている時間）

という式になる。ここで右辺の、力×（力がかかっている時間）は「力積」と呼ばれている。ちなみに式の両辺を（力がかかっている時間）で割ると、

（質量×速度）の変化分／（力がかかっている時間）＝力

という式になる。ここでやっぱり質量は変わらないことを思い出すと、

　質量 ×（速度の変化分／力がかかっている時間）＝ 力

になる。「速度の変化分」を「時間」で割ったものは、加速度にほかならないから、これは、

質量 × 加速度 ＝ 力

という式（運動方程式）も、運動量保存則は含んでいる。このように運動量保存則は「これだけ理解していれば、物理学で学んだいろんなことが芋づる式に理解できる

よ」という重要な法則なのだが、有名なエネルギー保存則よりずいぶんと影が薄い。

車は急に止まれないのはなぜ？

「飛び出すな、車は急に止まれない」というのはかつて人口に膾炙した有名な交通標語だが、これも運動量保存則を理解していれば、簡単に理解できる。

　最初に注意したいのは、車が止まるまでに車が動く距離は２つの部分からなっているという点だ。具体的にいうと、運転手が危険に気づいてからブレーキを踏みブレーキが効き始めるまでの「空走距離」と、ブレーキが効き始めてから止まるまでの「制動距離」だ。停止距離は、空走距離と制動距離からなる。

　ブレーキによりタイヤ（ロックされている）と路面との摩擦力で生み出される制動力が一定であるとすれば、

　　　ブレーキが効き始めてから止まるまでの時間
　　＝速度が 0 km/hになるまでの時間

となる。したがって、

　　　ブレーキが効き始めてから止まるまでの時間
　　＝質量 × 速度 ／ 制動力

という式になる。つまり、速度に比例して「ブレーキが効き始めてから止まるまでの時間」は延びていくわけだ。それゆえ、時速100kmで走っているときの「ブ

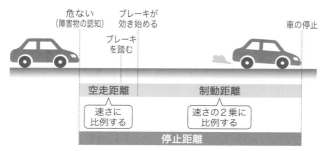

停止距離は、空走距離と制動距離からなる

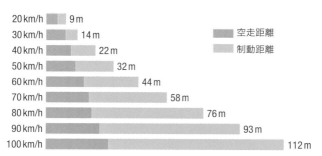

		空走距離
		制動距離

20km/h　9m
30km/h　14m
40km/h　22m
50km/h　32m
60km/h　44m
70km/h　58m
80km/h　76m
90km/h　93m
100km/h　112m

速度の違いによる停止距離の変化

レーキが効き始めてから止まるまでの時間」は、時速50kmで走っているときの「ブレーキが効き始めてから止まるまでの時間」の2倍かかる、というわけだ。

　一方、制動距離は速さの2乗に比例する。なぜならば、動いている物体の運動エネルギーは速度の2乗に比例して増大するが、ブレーキが及ぼす力のほうは速度が増えても変わらないので、運動エネルギーに比例した距離だけ制動をかけ続けないといけないからだ。

時速100kmで走っているときの「ブレーキが効き始めてから止まるまでの距離」は、時速50kmで走っているときの「ブレーキが効き始めてから止まるまでの距離」の4倍ということになる。皆さんはそういうことを意識して運転されているだろうか？　もし、まだだったらぜひ、明日からそういうことを気にしながら運転してほしい。

　また2つの異なった質量を持った物体が正面衝突したときに乗員が感じる衝撃力も運動量保存則から考えることができる。質量の異なった物体の衝突前後の状況を考えると、

　（大きい質量×衝突前速度）＋（小さい質量×衝突前速度）
＝（大きい質量×衝突後速度）＋（小さい質量×衝突後速度）

が成り立つはずだ。働く力は2つの質量の間だけで、外から働く力はない。ゆえに、上記の式を変形すると、

　　大きい質量 ×（衝突前速度 − 衝突後速度）
＝小さい質量 ×（衝突後速度 − 衝突前速度）

という式も成り立つ。衝突の前後で、大型トラックと普通自動車の質量は変わらないので、この式が成立するためには、「大きい質量の速度変化」は「小さい質量の速度変化」より値が小さくないといけない。すなわち、

　　大きい質量の速度変化＜小さい質量の速度変化

トラックと普通自動車の衝突事故では、普通自動車のほうが激しいダメージを受ける（アフロ）

となる。交通事故の際に生じる衝撃力は、質量×加速度で求められる。既に説明している通り、加速度＝（速度の変化）／（経過時間）で求められる。

　衝突は瞬間的に起きるが、それでも有限の時間はかかる。その時間で衝突前後の速度変化を割れば、加速度になる。

大きい質量の速度変化 ／ 衝突時間
＜小さい質量の速度変化 ／ 衝突時間
↓
大きい質量の加速度＜小さい質量の加速度

になっているはずだ。これに人間の質量をかけると、

人間の質量 × 大きい質量の加速度
＜人間の質量 × 小さい質量の加速度

になる。ここで「質量×加速度」は力なので、普通自動車（小さい質量）の中にいる人間にかかる衝撃力は、トラック（大きい質量）の中にいる人間にかかる衝撃力よりもはるかに大きくなる。

　　衝突時に大きい質量に乗っている人間にかかる衝撃力
　＜衝突時に小さい質量に乗っている人間にかかる衝撃力

　衝突時の物体の加速度に起因する、（物体内の）人間が受ける力（衝撃力）の比は、衝突する物体の質量の比に反比例する。つまり、大型車と小型車がぶつかった場合、大型車の運転者はたいして大きな衝撃を受けないが、小型車の運転者はそれとは比較にならないほどの大きな衝撃を受ける、ということだ。
　一般的に、10トントラックと呼ばれる大型トラックが荷物を満載した場合、走行時の総重量は、荷物と車両の重量を合わせて20トンになる。一方、普通自動車は重さがせいぜい１トンしかない。すなわち、普通自動車の運転手にかかる衝撃力は、大型トラックの運転手にかかる衝撃力の20倍になる。
　これが、普通自動車とトラックによる衝突事故では、普通自動車の乗員が死亡や重傷になるような大事故であっても、大型トラックの運転手が無傷に近いことが多い理由である。
　私たちが大型トラックに圧迫感を感じてしまったり、反対に大型トラックの運転手が交通事故の恐怖感が薄いのは、「仮に衝突事故が起きると、小型車の乗員はダメージが大きいのに対して、大型車の乗員はダメージが圧

航空機事故とは、地球と航空機の衝突事故にほかならない（アフロ）

倒的に軽微」という現実を、双方が漠然と理解している
からだと思う。

　こんなことを言うとちょっと違和感があるかもしれな
いが、いわゆる航空機事故というのはこの大型車と小型
車の衝突を、より極端にした場合と考えるとわかりやす
い。「航空機の墜落事故」と呼ばれているものは地球と
航空機の衝突にほかならないからだ。

　衝突時の加速度に起因する、乗員が受ける力（＝衝突
の衝撃力）の比は乗っている物体の質量の比に反比例す
るのだから、航空機が墜落したときに航空機の乗員が受
ける衝撃と地球上に住んでいる人類が受ける衝撃の比
は、航空機と地球の質量の逆比になってしまう。その比
が余りに小さいので、地球上の人類は地球が航空機と衝
突したことに気づかないだけのことだ。

　格闘技漫画などで体格差がある人物どうしが戦うと
き、体格に劣る人物が打撃を放っても、体格で優る人物

がダメージを受けない、というのはよくある描写だ。私たちは、往々にして「体格に優るほうが力が強い」とか「筋肉モリモリだから」という話だと理解しがちだ。

しかし、高校物理で学んだ「運動量保存則」を正しく理解していれば、筋肉とか体格以前に、体重が決定的なファクターであることがわかるはずだ。

体重の軽い主人公が、巨大で体重が重い敵に殴りかかった場合を想像してみよう。主人公はみずからの打撃で相手に与える力積と同じ力積を自分も受けてしまう。しかも、その力積が及ぼす加速度の大きさは体重が軽いほど大きくなってしまう。すなわち、相手が強かろうが弱かろうが、体重差のある相手を殴って、逆に反動で自分が吹っ飛ばされるというのは、物理学的にみればごく当たり前の現象なのだ。これは、武闘家として優れているとか、筋肉や体格の違いなどとは関係なく起きることなのだ。

格闘技において、重量別に厳格に階級が分かれているのは、体重差があるマッチメイクは、体重が重いほうに有利で軽いほうに不利であることがわかっているからだ。誰が本当に強いのかを知るためには、重量差を一定範囲に収めた階級制にしないと不公平になってしまう。

加速度を侮ることなかれ

高校物理の教科書や副教材には、運動量保存則の原理を利用した実験※がしばしば登場する。試しにひとつ紹介してみよう。

用意するのは、大小それぞれ1個、合計2個のボー

大小2つのボールを用いた実験の様子。実験がうまくいくと、小さいボールは、一瞬にして、4m以上跳ね上がる

ル。たとえば、大きなボールはバスケットボールやバレーボール、小さなボールは軟式あるいは硬式のテニスボールなどがよいだろう。

　まず、大きなボールの上に小さなボールを載せる（この際、小さなボールの据わりをよくするリングなどを挟むとうまくいく）。この状態で手を離してボールを真下に落とすと、小さなボールが驚くほど高く跳ね上がる。

　大きなボールと小さなボールを単独で落とした場合は、それぞれ元の位置より上に跳ね上がることはけっしてないので非常に不思議な感じがする。

　これは衝突時の力積は同じだけど、加速度に換算すると、小さいボールが受ける影響はずっと大きいという原理を用いている。

※ここで紹介している実験は、国立大学55工学系学部HPにある「おもしろ科学
　実験室」コーナーで、動画付きで解説されているので、興味のある方はぜひご
　覧いただきたい（https://www.mirai-kougaku.jp/laboratory/pages/160303.php）

一連の運動をもう少し細かく見てみよう。まず大小２個のボールを連結した状態で落下させると、まず大きいボールが床にぶつかって跳ね返される。この際、まだ落下中の（下向きの速度を持っている）小さいほうのボールと正面衝突する。すると、小さいボールが非常に大きな加速度を得るので、もともとこの物体を落とした位置よりはるか上まで跳ね上がるというわけだ。

　うまくいくと、小さいボールは、４m以上跳ね上がるので、屋外の周囲に人がいない場所で行うことをオススメする。

光の力を使って、宇宙船を動かす

　意外に思われるかもしれないが、質量がなくても運動量は存在する。

$$運動量 ＝ 質量 × 速度$$

なんだから質量がなかったら運動量もゼロのような気がするが、そんなことはない。たとえば、光は質量がないのに運動量を持っている。

　実際、光を使って宇宙船を動かそうという「ソーラーセイル」という計画が大まじめに研究されている。ソーラーセイルは、ひと言で言うと「宇宙ヨット」。海洋を進むヨットは、セイル（帆）を広げて、風を受けて進むが、「ソーラーセイル」は、太陽光を受けて進む。従来の宇宙探査機と違って、エンジンも燃料もいっさい不要の夢の宇宙船だ。

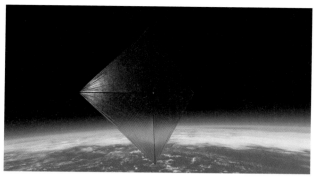

NASAの新型ソーラーセイルシステムである
Advanced Composite Solar Sail System（ACS3）（NASA）

　質量のない光が宇宙探査機を動かすほどの運動量を持つというのも、なんだか奇妙な感じがするかもしれないが、実は量子力学まで学ぶと「速度」なるものは実在せず、あるのは「運動量」と「質量」だけだということがわかる。

　だから「運動量がゼロで質量が有限」、とか、「運動量が有限で質量がゼロ」は別にありなのである。速度が存在しない、と言われてもピンとこないかもしれないが、実際のところ我々が感じている「速度」というものは錯覚にすぎない。私たちは静止画が1秒に30枚、ちょっとずつ変わっている映像を見て「動いている」と感じているが、実際にはそこには動きがない。静止画の連続が動きに見えるのは「人間の錯覚」であっても、実際には物体は動いているのでは、と思うかもしれないが、そもそも、人間には動きを直接見ることなどできない。

　静止画を「記憶」するのには有限の時間が必ずかか

る。それは人間の目や脳でも同じである。そもそも、人間の目や脳は、「静止画の連続」しか見ることができないにもかかわらずそれを脳内補完で「動いている」と「感じて」いるだけなのだ。その意味でも「速度が実在する」というのは間違いなのである。

　先ほど実在するのはそもそも速度じゃなく運動量のほうだ、という話をしたが、相対性理論から考えても質量がゼロのときの運動量がゼロじゃなくてもいいことは知られている。第1部の冒頭でも触れた有名な $E = mc^2$ という式は言葉で書くと、

$$エネルギー ＝ 質量 × 光速^2$$

であるが、これは静止質量の式と呼ばれていて、動いている（速度がゼロじゃない、つまり、運動量もゼロじゃない）ときには、

$$エネルギー^2 ＝ （質量×光速^2）^2 ＋ （運動量×光速）^2$$

という式になることが知られている（これがどうしてこうなるかを説明するのは本書のレベルではとても無理なので省くことをお許しください）。なのでここで質量＝0にしても、

$$エネルギー ＝ 運動量 × 光速$$

という式になるので、質量がゼロになることと運動量がゼロになることは直接は関係ない。質量がゼロでも運動量を持つことは別に問題ないのである。

Chapter 6

隕石はなぜ爆発するのか？
（エネルギー保存則）

　高校の物理をまったく理解できなかった人でも「エネルギー保存則」を習った記憶はあるはずだ。教科書的な説明をすると、外界との相互作用がない系では、エネルギーの総量は増えたり、減ったりすることなく、つねに一定で変化しないという法則だ。エネルギー保存則は高校の物理学で学ぶもっともたいせつな法則であると言っても過言ではない（紛らわしいが、Chapter 5で説明した「運動量保存則」とは別の法則である）。

　高校の力学分野で登場する多くの法則は、ほかの分野、たとえば電磁気学や熱力学などには直接関係はないが、「エネルギー保存則」だけは例外で、それらの分野でも重要であり続ける稀有な法則だ。

勢いをつけて投げたボウリングの球もすぐに減速してしまう。とても「エネルギーが保存」されているようには見えないが……（アフロ）

しかし「エネルギー保存則」は、その意味する内容が
わかりにくい。そもそもエネルギーとはなんだろうか。
辞書を引くと、「物体や物体系がもっている仕事をする
能力の総称。力学的仕事を基準とし、これと同等と考え
られるもの、あるいはこれに換算できるもの。力学的
エネルギー（運動エネルギー・位置エネルギー）、熱エネルギ
ー、電磁場のエネルギー、質量エネルギーが代表的なも
の」（大辞林）とある。うーん、なんだかわかったようで
わからない曖昧な説明だ。
　エネルギーは使ってしまえばなくなってしまうように
見える。たとえば、床の上でボウリングの球を転がす場
合、最初は勢いがあるのでエネルギーが保存されている
ように見えるが、いつしかエネルギーは失われ、ボウリ
ングの球は徐々に遅くなる。「エネルギーはちっとも保
存なんかされていないじゃないか！」と思われても不思

水力発電は、水の落ちる力（位置エネルギー）を利用して、水車を回転さ
せ、その回転（運動エネルギー）を発電機に伝え、電気エネルギーを作り
出す（アフロ）

議ではない。

　しかし、エネルギー保存則は、きちんと守られている。実際には、球の運動エネルギーは、床と球の摩擦によって熱という別のエネルギーに変わってしまっただけだ。一見すると、エネルギーが失われたように見えるのは、一度熱に変わってしまったエネルギーは取り出すことが難しく、再利用できないためだ。

　繰り返し言う。同じ系では、エネルギーはけっして失われない。消えてしまったようなときは、形を変えただけだ。力学的エネルギーはしばしば熱に変わる。実際のところ、摩擦とは、力学的な良質のエネルギーを熱という再利用しにくい形に変えることと言っても間違いではない。

恐竜はなぜ絶滅したのか？

　「物理法則の王様」ともいえるエネルギー保存則がわかると、これまでわからなかった景色が見えてくる。恐竜の絶滅を招いたとされる巨大隕石を例に考えてみよう。恐竜は、いまから約2億3000万年前からおよそ1億6400万年にわたって繁栄したが、6600万年前ごろに突如として絶滅した。その理由は諸説があるが、現在もっとも有力とされているのが「巨大隕石」原因説だ。

　6600万年ほど前、現在のメキシコのユカタン半島に巨大隕石が落下、衝突によって生じた大量の塵によって、太陽光線がさえぎられて、地球上が寒冷化した。これにより、生態系が激変、草食恐竜は食べていた植物がなくなったことで絶滅し、それを主食としていた肉食恐

約6600万年前、メキシコのユカタン半島に落下したとされる巨大隕石の想像図（NASA）

竜も絶滅したというストーリーだ。きわめて短期間で起きた環境変化だったために、生物進化などで対応できず、この時期に多くの生物種が絶滅したとされる。

　それにしても、巨大隕石とはいっても、たかがひとつ石が地球に落ちただけで、1億6400万年間も繁栄してきた恐竜が絶滅するというのは、今ひとつ腑に落ちない。恐竜の全盛期に地球に落下した巨大隕石は、直径10kmから15kmだったと言われている。確かに巨大ではあるが、地球が割れてしまったわけでもなく、大きな穴が開いただけだ。庭先に、裏山から巨大な岩が落下しても、直接当たらなければ誰もけがはしない。なぜ巨大隕石だと、全世界に被害を及ぼすような事態を招くのだろう。庭先に落ちた岩と巨大隕石の差はなんだろうか。

　それは「速度」である。地表に落ちてくる隕石には、空気抵抗を考えない場合、必ずこれ以上の速度でなくて

恐竜は天空から落ち
てきた巨大な隕石を
見て、何を感じたの
だろうか
（アフロ）

はいけない、という最低の値があり、その値はなんと秒
速（時速ではない！）11.2kmというとんでもない速さだ。
これはマッハに換算すると33になる。この速度は、実
は「ロケットが地上から飛び立って地球を完全に離脱す
るのに必要な速度（第二宇宙速度）」に等しい。

　一方、隕石が地球に衝突するときには、膨大な位置エ
ネルギーが放出される。水力発電が、水の落ちる力（位
置エネルギー）を利用して、水車を回転させ、その回転
（運動エネルギー）を発電機に伝え、電気エネルギーを作
り出すことを思い出してほしい。

　さて、この秒速11.2km（マッハ33）という速度はどれ
くらいのエネルギーを隕石に与えるだろうか。運動エネ
ルギーは、

$$K = \frac{1}{2} mv^2$$ 　（Kは運動エネルギー、mは質量、vは速度）

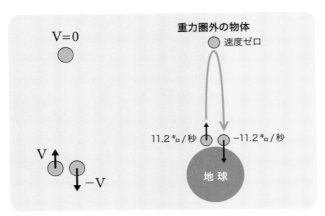

速度Vで投げ上げた物体は落ちてくるときには逆向きの同じ速度を持っている（エネルギー保存則）。地球から脱出するには秒速11.2kmの初速が必要。地球外の隕石が落ちてくるときはこれと同じ速度になってしまう

の式で求められる。簡単に計算するために、隕石は1kgと仮定しよう。前述の公式を使うと、運動エネルギー（J）＝1／2×1kg×（11.2×1000 m／秒）^{2}になるので、その隕石が持っているエネルギーは6272万ジュールに達する。

ジュール（J）という単位はわかりにくいかもしれない。爆発物の場合、TNTという高性能爆薬の質量に換算することが多い。TNT 1kgの爆発力はエネルギーに換算すると（たった）418万ジュールだと言われている。なんとわずか1kgの（？）隕石は同じ重さのTNTの10倍以上の爆発力を持っているのだ！

広島型の原爆のエネルギーはTNT換算で16キロトン程度だと言われている。隕石はTNTの10分の1で同じ爆発力を持つわけだから、1.6キロトンで原爆1個分の威

地球から脱出するロケットには秒速11.2kmの初速が必要。地球外の隕石が落ちてくるときは、これと同じ速度になる（NASA）

力がある。1.6キロトンの岩ってどれくらいの大きさだろう？　岩の密度は1cm³当たり1g程度[1]である。なので1.6キロトン＝1600トン＝160万kg＝16億g[2]にするには、だいたい16億cm³＝1600m³でいい[3]。これは仮に立方体だとすると、一辺約12mにすぎない[4]。そんな大きさの隕石で原爆1個分のエネルギーを持っているのだから、驚くべきことである。

巨大隕石が地面に衝突すると……

　地面に衝突したらこの膨大なエネルギーはどうなるのか？　エネルギー保存則があるので、隕石の持っている

---

[1] 厳密には、岩の種類によって密度には幅があり、数g程度のこともある
[2] 1トン＝1000kg、1kg＝1000g
[3] 1m³＝100万cm³
[4] 立方体の体積は一辺の3乗である。一辺12mの立方体の体積は、12×12×12＝1728m³である

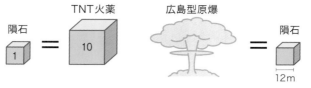

隕石は同じ重さのTNT火薬の10倍の威力があり、1辺わずか12mの立方体で原爆1個分のパワーがある

エネルギーがなくなることはない。ほとんどの場合、それは熱になる。前述したように一辺12mの隕石が落ちてきたら原爆1個分の熱が発生する。

　ユカタン半島に落下した巨大隕石は直径10kmから15kmだったから、これはもう大爆発になるしかないではないか！

　いきなり計算するのは大変なので、まず一辺1kmの隕石の熱量から考えてみる。計算すると、広島型原爆約58万個分なので[5]、だいたい9300メガトンになる[6]。これは地球上にある全核兵器の総威力、7000メガトンをゆうに超えてしまう。考えるだに恐ろしい。

　さらに恐竜を絶滅させたと言われる、直径がこの10倍だった隕石は重さで言えば10倍の3乗、つまり、1000倍の威力である。930万メガトンという、もうなんだかわからない規模の爆発力で、隕石が落ちた衝撃とその結果、引き起こされた気候変動で恐竜が絶滅してしまうの

[5]　1kmは1000mなので、（1000/12）の3乗で広島型原爆58万個になる。これは1cm³＝1gの計算で、岩の密度が数g/cm³だったら、もうちょっと小さくなる。仮に3gあったとすると、体積は3分の1になる。それでも、1辺の長さは3分の2になるだけなので（3分の2の3乗はほぼ3分の1になる）、12mが8mになる程度で大差ない。

[6]　原爆1個は16キロトンなので、58万×16キロトン＝930万キロトン＝9300メガトン（1メガトンは1000キロトンなので）

も致し方ないのではないか。

　この隕石爆弾の威力は、第二宇宙速度によって決まっているので、当然、惑星ごとに異なってくる。火星の第二宇宙速度は約 5 km ／秒で地球の半分なのでエネルギーは 4 分の 1 となり同じ重さの隕石が落ちた場合には破壊力も 4 分の 1 に減じる。これが月になるとさらに半分の約2.5km ／秒なので地球の場合の 16 分の 1 の威力になる。一般に星が小さくて表面重力が弱くなればなるほど隕石爆弾の威力は小さくなっていく。

　地球みたいに、たまたま生命体が誕生した惑星に限って、数十km程度というけっしてありえないとは言えないサイズの隕石爆弾が、その惑星の生命を一掃するくらいの威力を持って落ちてくるのは僕にはすごい偶然のように思える。

　ひょっとしたら宇宙に我々以外、知的生命体がいない（ように見える）理由は、生命体が誕生できる程度のちょうどいい大きさの惑星は、都合悪く隕石爆弾の威力がちょうど生命体を滅ぼすくらいのサイズなので知的生命体が発生する前に進化が振り出しに戻ってしまうから、みたいな、とてもつまらない理由なのかもしれない。

Chapter 7

実はよくわかっていない
摩擦のしくみ

　摩擦力は高校物理ではいつも微妙な立ち位置にあるように思う。重力、静電気力などの物理法則に根ざした基本的な力ではないのに、力学には早々に登場し、多くの演習問題で八面六臂（はちめんろっぴ）の活躍を見せる。

　しかし、この摩擦力が曲者（くせもの）で、最新の物理学でも、この摩擦力がいまだに解明できていない。

　高校で学ぶ摩擦力には、物体が静止しているときに働く「静止摩擦力」と物体が動いているときに作用する「動摩擦力」とがある。たとえば、台所にある大きな冷蔵庫を動かそうとするとき（しかし動かないとき）に生じる床との摩擦は、静止摩擦力であり、カーリングで投じる石と氷の間に発生するのが動摩擦力となる。だが、実際のところ、いずれの摩擦力も、本当の意味での「力」とは言いがたい。

　静止摩擦力から順に考えてみよう。静止摩擦力は、実は値すら決まってはいない。静止摩擦力は、物体に外から力が加わったときにそれが動き出さないように逆向きに働く同じ大きさの力だ。だから、外からどんな力が加わるかわからないと大きさもわからない。

　なんだかミステリアスで特別な力のようだが、このような「外から加わった力で何かが動かないように作用する反対向きの同じ大きさの力」というのは何も静止摩擦力に限った話ではない。

土と氷の上では、同じ物体でも、摩擦力がまるで違う。なぜなのか？

たとえば、あなたが壁を思いっきり押したとしよう。しかし、壁はびくともしない。それは、あなたが壁に対して及ぼしている力とまったく同じ大きさの力を建物が壁に及ぼしているからだ。でも、そのような力に何かしら特別な名前をつけたいと思う人はきっと少ないだろう（強いて言えば、「壁力」？）。

　しかし、静止摩擦力だけは特別な名前を与えられている。壁を押したときに、壁が動かないように構造物である建物から受ける逆向きの同じ大きさの力には名前がついていないのに、静止摩擦力には特別な名前がついているのは謎というしかない。

　実際のところ、物理学では静止摩擦力はあまりよく解明されていない。どういう物質にどういう条件で接するとどんな静止摩擦力が生じるかを、実験を使わずに理論的に推定する方法はない。それどころか、物体間に働いている摩擦力を計算する方法さえないのである。

　右の図は摩擦力が決まらない例である。3つの球がそれぞれ2ヵ所で接するように置かれていて、静止している。○で示した3ヵ所で力が発生する。重力は緑色の一点鎖線（━・━）で、静止摩擦力は赤い破線（┅┅）で、押し合う力（抗力）は青い実線（━）で表記されている。

　力が釣り合って静止するためには、力の大きさと向きを表す矢印をつないで一周して元に戻ってくる、つまり、力を全部足すとゼロになることが求められる（左下の球は右下の球と左右対称なので省略した）。

　この条件さえ満たせば、3つの球が静止状態にとどまるのだが、なぜか静止摩擦力は求めることができない。条件を満たす静止摩擦力は無数に存在するからだ。たと

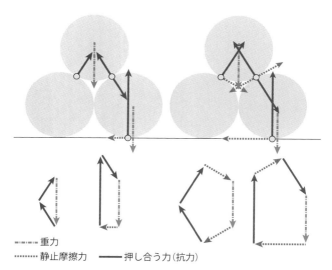

---- 重力

・・・・・・ 静止摩擦力 ━━ 押し合う力（抗力）

３つの力のベクトルを足し合わせてゼロになれば、静止状態は実現する

えば、上図のような２つのパターンが考えられる。図の
左側は、球と球の間には摩擦力が働かず、床と球の間に
だけ静止摩擦力が働く場合、右側は球と球の間にも静止
摩擦力が働く場合である。力の働き方はまったく違うが
どちらも力が釣り合うので静止するし、どちらが正しい
と決める方法はない。

　静止摩擦力は最大静止摩擦力を超えなければどんな値
でもとれる。さらに左右、いずれの方向もありうるの
で、単に「釣り合って止まっている」というだけではど
ちらが正しいか決める方法は存在しない。

　このため現在でも、実際に球と球の間に働いている力
を可視化する偏光顕微鏡が現役で活躍している。

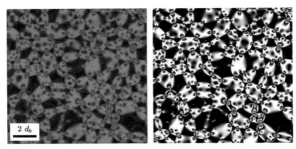

偏光顕微鏡による静止摩擦力と抗力の可視化の例

（Contact force measurements and local anisotropy in ellipses and disks. Yinqiao Wang《汪银桥》, Jin Shang, Yujie Wang, and Jie Zhang. Phys. Rev. Research 3, 043053《2021》 DOI https://doi.org/10.1103/PhysRevResearch.3.043053）

動摩擦力は力ではない！

次に「動摩擦力」。これも力という名前がついてはいるが、実際は力ではない。

摩擦がある床の上に置かれた物体を引きずるのに必要な仕事は、以下の式で表される。

$$仕事 = 摩擦力 × 移動した距離$$

では、ここで生じた仕事の分のエネルギーはどこに消えたのだろうか。実は「それは熱になって失われた」ことになっている。

高校物理では、牽引力のした仕事のうち、物体の運動エネルギーを差し引くことで「失われたエネルギー」を計算し、この値を移動距離で割って「摩擦力」と定義している。式として書くと以下のようになる。

$$摩擦力 = 失われたエネルギー / 移動距離$$

　ただし、これはあくまでも、便宜的に計算しているだけであって、直接、摩擦力を計測しているわけではない。物体を引きずっている間に働く力をバネ秤などで測ることはできるが、熱によって失われたエネルギーのことはわからないのだ。

「摩擦力を測る」というときに実際にやられていることは下の図のように、バネ秤などを接続して下の物体が動かないように止めておくのに必要な力のほうを計測して「物体が止まっているからには逆向き（図で言えば右向き）の摩擦力が下の物体に働いているに違いない」と類推しているだけであって、下の物体に働く摩擦力を直接計測していることはけっしてない。

　実際、動摩擦が働いている間、何が起きているかを考えると、摩擦が力を及ぼしているという考え方が非常に曖昧なものだということがわかる。

　この摩擦力がよく理解できていないというのは科学のいろんな分野に悪影響を与えている。たとえば地震のメカニズムの解明だ。

　プレート境界型地震は陸のプレートが海のプレートに引きこまれるようにゆっくりとずれていき、限界に達すると跳ね返されてズルッと動くという現象である。この

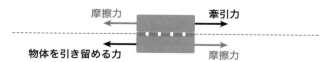

接触面は移動しているため、それぞれに働く力は刻一刻と変わる

ズルッと動くときの振動が地震となって地面に伝わってくる。この地震のいちばん簡単なモデルはスティックスリップモデルと言って動摩擦と静止摩擦が働いている物体をバネをつけて引っ張るものに相当する。

　下にスティックスリップモデルの動作原理を示した図を載せた。床と物体には静止摩擦力と動摩擦力が働く。床が動くと静止摩擦力が働くので、物体は床とともに動き、バネが伸び、物体に働く力が徐々に大きくなる。

　しかし、いずれ静止摩擦力が最大静止摩擦力を超えるので物体は動き始める。動き出すと今度は動摩擦力が働くので、動き出した物体はいずれ止まる。物体が床に対して静止すると再び静止摩擦力が働き、再びバネが伸びて、と続いていく。この物体が動く瞬間が地震であり、バネがゆっくりと伸び続けている状態が海のプレートに沿って陸のプレートがゆっくりと動いている状態である。

　もし、どんな物体をどんな物体とどんな条件で接したらどんな力が働くかがわかればこの簡単なモデルでも地震についてなんらかの知見が得られたかもしれないが、

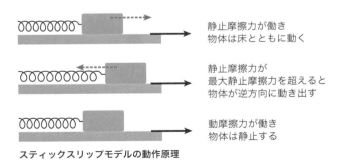

静止摩擦力が働き
物体は床とともに動く

静止摩擦力が
最大静止摩擦力を超えると
物体が逆方向に動き出す

動摩擦力が働き
物体は静止する

スティックスリップモデルの動作原理

それも無理なのが現状である。

　何もわかってないので、大学に進学してもまったく教えられることのない摩擦力がこれほどまでに高校物理に頻繁に出現するのはなぜだろうか。理由はたぶん、我々の日常が摩擦力で溢れかえっているので摩擦を考えないと身の回りの現象をほとんど説明できないからだろう。

　動摩擦はいろいろなところで使われている。たとえば車のブレーキ。これは回転している車輪に物体を押し付けて回転を止める装置だが、この本の文脈でいえば「車の運動エネルギーを摩擦熱を介して熱エネルギーに変換する装置」と言ってもいいわけだし、そっちのほうが本

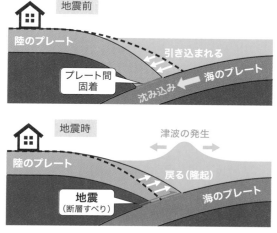

地震の滑りモデル
スティックスリップモデルでバネが伸びている状態が、海のプレートに引っ張られて、陸のプレートが引き込まれる状態に相当する。最大静止摩擦力を超えると、陸のプレートが一気に戻って地震が発生する

質的だろう。また、とんと見なくなってしまったマッチは、薬のついた棒の先端を別の薬が塗布された紙に押し付けて動かして動摩擦を発生させ、手がした仕事を熱エネルギーに変えて発火が起きる温度まで上昇させていると考えることもできる。そういう意味では動摩擦とは力学的なエネルギーを効率よく変換するしくみだと考えることもできるだろう。

　また、静止摩擦がなかったら我々は歩くこともできないだろう。地面を蹴って前に進めるのは静止摩擦があるからだ。この世に静止摩擦がなかったら、足を使って歩行する生物はいなかったし、ひれを使って歩く生物もいなかっただろう。実体がわからなくてかつ邪魔者のイメージが大きい摩擦だが、それなしでは生命は（少なくともある程度大型の生物は）存在することもできなかっただろう。

我々が地面を蹴って歩けるのは、足の裏と地面との間に静止摩擦力が働くからだ（アフロ）

力学と電磁気学のあいだ
（重力と静電気力）

　第1部の力学編は、さまざまな力が登場したが、その主役ともいえるのが「重力」だった。これに対して、第2部の電磁気学編の主役となるのが「静電気力」だ。この静電気力を生み出すのが「電荷」である。

　電荷とは、電磁気現象を引き起こす源で、その電気量は電磁場から受ける作用の大きさおよび発生させる電磁場の強さを規定する。

　読者のなかには、「電荷」と「電子」がどう違うのかと戸惑われる方もあるだろう。ややこしいので、端的に説明すると、電子とはマイナスの電荷（負電荷）を帯びた粒子（荷電粒子）であるのに対して、電荷は電気の量を指す概念だ。電子は負電荷だけだが、電荷には、負電荷と正電荷が存在する。要は概念が違うのだ。

　「重力」と「静電気力」には何の接点もないように見えるが、点電荷の間に働く静電気力と質点の間に働く万有引力（重力）にはいずれも逆二乗則が成り立つ。

$$力の大きさ \propto 1／距離の2乗$$

（∝は比例を意味する記号）

「逆二乗則」は高校の物理を学んだことがある人なら、「内容はあやふやだが、なんとなく聞いたことはあるなあ」くらいには覚えている言葉ではないだろうか。簡単

に言えば、2つの物体に働く力の大きさがその間の距離の2乗に反比例して減っていくことをいう。距離が2倍になると強さは4分の1になり、距離が3倍になれば、強さが9分の1になり……といった具合だ。

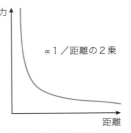

∝1／距離の2乗

距離

逆二乗則による距離と力の関係。距離が離れるにしたがって力は弱まっていく

　同じ逆二乗則が成り立つにもかかわらず、力学編に登場する「重力」と電磁気学編に登場する「静電気力」（発見者であるフランスの物理学者のシャルル・ド・クーロンにちなんでクーロン力ともいう）はずいぶんと違って見える。

　まず、重力は我々のふだんの生活を支配している。我々が大地の上に立てるのもすべて重力のおかげだ。国際宇宙ステーションからの中継動画などを見れば、重力から解き放たれてしまった人類がいかにふわふわと足元が定まらないありさまなのかが見て取れる。某有名アニメの有名なセリフではないが、「足なんて飾りですよ」状態である。

　一方、静電気力が働いているところなどまず見ない。実際、点電荷の間に働く静電気力を正確に測定しようとしたクーロン（Chapter 9）は、かなりいろいろな工夫をしなくてはならず、悪戦苦闘したのだ。

　この「日常的には重力が支配的で静電気力はほとんど効かない」という経験から、往々にして「静電気力って重力より弱いんだね」と思いがちだが、実はまったくあべこべである。

重力が働かない宇宙ステーションでは、ふわふわと物体が浮かぶ（NASA）

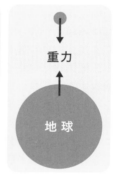

力の大きさ自体は静電気力のほうが大きいが、地球の質量の大きさが圧倒的なので日常スケールでは重力が支配的になる。電荷は質量と違って正負があるので、大量の正（負）電荷が1ヵ所に集まると、逆符号の負（正）電荷を引き寄せてしまい大きな力を出すことができない

　水素原子を構成する陽子と電子の間に働く静電気力の大きさはだいたい1億分の8ニュートンぐらいだ。「ちいさっ」と思うかもしれないが、重力はもっと小さい。陽子と電子の間に働く万有引力は、このただでさえ

小さな陽子と電子の間に働く静電気力のさらに約１億分の５の、１億分の１の、１億分の１の、１億分の１の、１億分の１の大きさしかないのだ！　どれくらい小さいか想像もつかないだろう。

　こんなに小さな万有引力がなんで我々にとって大きく感じられるかというと、地球が陽子に比べてとても重いからだ。地球の質量は陽子の約4000億倍の、１億倍の、１億倍の、１億倍の、１億倍の、１億倍もある。陽子と電子の間の万有引力と静電気力の比の小ささを補って余りある質量の大きさだ。

　力の大きさ自体は静電気力のほうが大きいが、地球の質量の大きさが圧倒的なので日常スケールでは重力が支配的になる。

　だが、静電気力だって大きくなるのでは、と思うかもしれないがそうはいかない。なぜなら電荷には正と負があり、大きな正の電荷があると負の電荷を引き寄せてしまい、電気的に中性になってしまうからだ。実際、水素を構成する陽子の正電荷と電子の負電荷の量は厳密に一致しており、水素原子をいくらたくさん集めても、その静電気力はその外側に及ぶことはない。

　このため、本当は強力なはずの静電気力がとても弱く感じられるという矛盾した体験を我々はすることになるのである。

　この静電気力は強く、重力は弱いという性質は我々の日常生活に結構役立っている。

　たとえば、重力が静電気力なみに強かったら、我々の体の質量が持っている重力で周囲のものがくっついてしまって困っただろう。冬場など衣服に静電気が発生する

と紙くずなどが衣服にくっついてしまって難儀をすることがあるだろうが、あれと同じことが周囲の物体と我々の間に起きる。箸やスプーンを握ったが最後、手を開いても箸やスプーンをテーブルの上に置くことも容易ではない。手にくっついたスプーンをテーブルの重力に捉えさせてからゆっくりと手を離したりしないといけない。

　キーボードを打つなんてこともたぶん、できない。キーボードを打っても手の重力でキーボードがくっついてしまうので下手すると指と一緒に浮き上がってしまう。文字入力の作業は、まずはしっかりと机にキーボードを固定することから始まるだろう。

　さらに重力には、静電気のように正負があるわけではないから、お互いに打ち消しあう機能がない。すなわち、いくら大きくなっても重力の増大を妨げるものはない。

　重力がもっと強い力だったら、宇宙全体の物質が1ヵ所に集まって、超巨大なブラックホールになってしまったかもしれない。そうなったら、恒星の周囲を回る惑星なんてないのだから、生命が誕生することもたぶんなかったんじゃないだろうか。

　一方で、静電気力が重力なみに弱かったら、困るだろう。我々の周囲の物質が形をなしているのは分子や原子が静電気力でつながっているからである。だから静電気力が重力なみに弱かったら、この世にはバラバラの原子と分子しかなく、形のあるものなんて何もなくて、当然生命は生まれたりもしなかった。本当にたまたまいろんなことが偶然で決まって、この宇宙ができて我々いるんだろうなあ、という気はする。

第2部
電磁気学編

　電磁気学は物理学の中でもわかりにくい分野だと言われている。それは電磁気学に出てくるいろいろなものを我々が見たり、聞いたり、感じたりできないからだろう。そこでこの電磁気学編では我々に比較的なじみがある電磁気現象である電流から話を始めて、電荷、電場、とだんだんに直感的な理解が難しい概念の説明に行くように構成した。また、個々の「わかりにくい概念」にはなるべく「現実の応用例」を付記することにした。この第2部を読み終わるころには読者の皆さんが周りの現象を目にしたとき「あ、ここには○○が働いているんだな！」（○○にはこれから説明する「わかりにくい概念」が入る）と思えるようにしたいと思う。

Chapter 8

「電流の向き」間違えちゃいました！
（電荷と電流）

　電磁気学編の主役はなんと言っても、さまざまな電磁気現象の源である「電荷」であろう。

　ご多分に漏れず人間が電荷の存在に気づいたのは「力」の存在によってだ。おそらく、最初は静電気、つまり、物と物をこすり合わせたときに紙のような軽いものを引きつける「何か」が物質に生じているということから、電荷の存在に気づいたんだと思う。

ライデン瓶の発明で電荷の存在が明らかに

　電荷の存在が明らかになるきっかけとなったのが、オ

静電気が発生する装置に手を触れると、負の電荷を帯電し、髪の毛が逆立つ（アフロ）

ランダのライデン大学の
物理学者ミュッセンブル
クが発明した蓄電器「ラ
イデン瓶」である。この
実験器具は、日本で8代
将軍徳川吉宗による「享
保の改革」が行われてい
た1745年ごろに発明さ
れた。くしくも、ドイツ
のクライストもほぼ同時
期に独立に同様の蓄電器

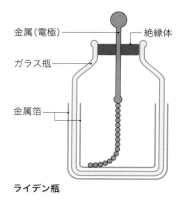

金属（電極）　絶縁体
ガラス瓶
金属箔

ライデン瓶

を考案したとされている。科学の世界には、こうしたこ
とはよくある。

　ライデン瓶は、ガラス瓶の内と外に金属箔を貼り付
け、内側の箔には絶縁体の蓋を通して電極をつけた簡便
な装置だが、静電気を蓄えることができる。

　電気現象を発生させる「静電気」は、一度ライデン瓶
に蓄えられれば、ある程度の期間、保持することもでき
たし、ほかのライデン瓶に移し替えることもできた。こ
のようにして、ミュッセンブルクやクライストらの研究
によって、電気現象を作り出す「電荷」というものが確
実に存在していることがわかった。

　静電気しか電荷を発生させる術がない間は、研究は停
滞していたが、ボルタが電池を発明すると、電流につい
ての研究が一気に進んだ。

　ボルタが電池を発明した経緯は興味深い。ボルタが電
気の研究を進めていた1791年ごろ、ヨーロッパの科学
界はガルヴァーニの生物電気の研究が話題になってい

(アフロ)

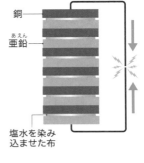

銅

亜鉛

塩水を染み
込ませた布

1800年ごろ、イタリアの科学者
ボルタが作った世界初の一次電
池。高い電圧を得るために、銅と
亜鉛の円板を、塩水を染み込ませ
た布を挟んで交互に重ねて円筒状
にした

た。それは、2種類の金属をカエルの脚に接触させる
と、その筋肉が痙攣するという現象である。

　カエルの筋肉が電気に反応することは知られていた
が、ガルヴァーニは電気を流さなくても2種類の金属を
カエルの脚に接触させるだけでカエルの筋肉が反応する
ことを発見し、これは電気が流れたからだと喝破した。

　生き物から電気が発生すればこれは生命現象に関係し
ていると思うのは無理もないが、ボルタはそこで立ち止
まらず、重要なのはカエルの脚ではなく2種類の金属の
ほうだと気づいた。そして、カエルの脚の代わりにただ
の食塩水を染み込ませた布を挟んでも電気が発生するこ
とを発見したのだ。

　銅と亜鉛の板を何層にも重ねて、間に濡らした布を挟

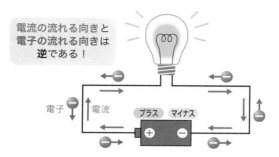

電子　電流　プラス　マイナス

ボルタの電池によって、導線に電流が流れることがわかったが、電流を
生み出す実体がわかっていなかったため、当時の科学者はプラス極から
マイナス極に電流が流れると考えた。しかし、1897年にイギリスの科学
者トムソンが、負の電荷を帯びた電子を発見したことで、電子がマイナ
ス極からプラス極に流れることで電流が生じることがわかった。しかし、
いったん確立した定義を改めることもできず、「電流の流れる向きと電子
の流れる向きは逆になる」という倒錯した状況が生まれてしまった

むことで大きな電圧が発生するように工夫したのがボル
タの電池である。電圧の単位であるボルトはボルタの名
前にちなんで命名された。物理学者として羨ましい限り
だ。

　研究が進み、人類が電気の本質は電子にやどる負電荷
だということに気づいたのは、ボルタ電池の発明から約
100年後のことだが、その前に作られた電磁気学の理論
はただ一点を除いて完全に正しかった。唯一の間違いは
「電流の向き」だった。当時は、移動しているのが正電
荷か負電荷かわからなかったので、電流の向きを、プラ
ス（陽極）からマイナス（陰極）に流れると適当に決めて
しまったのだ。後で動いているのは負電荷だということ
がわかって、実際の電荷の移動の向き（つまり電子の移動
方向）と人間が定義した電流の向きはあべこべだとわか

ったが、時すでに遅し。

　ちなみに電流の向きを最初に決めたのは、電流の単位、アンペアに名前が残っているアンペールという科学者である。アンペールは平行電流と反平行電流では働く力の大きさは同じでも、向きは逆であることを発見した。それまでは電流の向きがどっち向きか、なんてこと

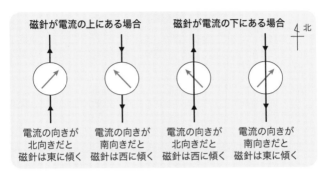

電流の向きと方位磁針
左の2つは電流の上に方位磁針を置いた場合。右の2つは電流の下に方位磁針を置いた場合。いずれの場合も、方位磁針の振れる向きが逆の場合があり、これは電流の向きが逆転しているからだとアンペールは考え、「方位磁針を電流の上に置いた場合、右に振れたら電流は下から上に流れている」と考えた

電流が流れるとそれを取り巻くように磁場が発生するが、電流の向きで磁場の向きは逆転する。方位磁針はそれを検出している。この磁場の向きはよく、「電流の流れる向きに右ねじを巻きこむ場合のネジの回転方向」と表現される（が、あまりわかりやすくはない）

電磁気学の創始者の一人に数えられる、アンドレ＝マリ・アンペール（1775〜1836年）
「アンペールの法則」を発見し、電流のSI単位のアンペアに名を残す偉大な科学者だが、電流を生み出す物理的な実体がわからない状態で、電流の向きを定めたため、電子の流れの向きとは違う定義をしてしまった

は問題にならなかったが、こうなると向きを決める必要がある。当時、電流を流すとそのそばに置かれた方位磁針が動くことは知られていたので、方位磁針が動く（傾く）向きで電流の方向を決めたのだが、運悪くこれが逆向きだったというわけだ。

電線を磁針の上に置くか、下に置くかで磁針の振れる方向は異なるが、上に置くか、下に置くかを変えなければ、電流の向きを逆転させると、磁針の振れも逆転するので電流の向きが反転したかどうかを確認できる。

電荷の正体をまったく知らないまま構築された電磁気学が完全に正しかったのは興味深い。量子力学や相対性理論が見つかったことで、ニュートン力学は修正を迫られることになったが、電磁気学は本質的に何も変更を受けずに生き残った。電荷の実態と無関係に成り立つ、普遍的な法則として確立されたからだろう。

Chapter 9

点電荷の間の静電気力
（クーロンの法則）

　電磁気学を語るうえで、欠かすことができないのが
「クーロンの法則」である。ご存じのとおり、帯電した
物体どうしが近づくと、同じ極性の静電気は反発しあ
い、違う極性の静電気は引きつけあう力が働く。このと
きに発生する電気的な力を「静電気力」あるいは「クー
ロン力」（単位はニュートン〈N〉、本書では以下静電気力を用
いる）という。この静電気力は、2つの粒子の電荷の大
きさ（電気量）の積に比例し、粒子間の距離の2乗に反
比例する。電荷の単位はクーロン（C）で表す。ちなみ
に、数式を用いると、次の図のように表される。

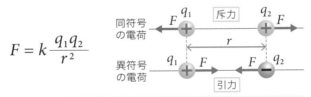

$$F = k \frac{q_1 q_2}{r^2}$$

F [N] …静電気力　　k [N・m²/C²] …クーロンの法則の比例定数
$q_1\ q_2$ [C] …各点電荷の電気量　　r [m] …各点電荷間の距離

静電気力に関するクーロンの法則

　数式を見ればわかるとおり、クーロンの法則は「逆二
乗則」となる。「逆二乗則」は、前述のように、2つの
物体に働く力の大きさがその間の距離の2乗に反比例し

て減っていくことをいう。距離が2倍になると強さは4分の1になり、距離が3倍になれば、強さが9分の1になり……といった具合だ。

　クーロンの法則は、1785年、フランスの物理学者クーロンによって発見された。クーロンはみずから発明した「ねじれ秤」を使って、電荷の間に働く力の大きさが距離の2乗に反比例して減っていくことを実験的に証明した。そしてこの法則には彼の名前が冠された。

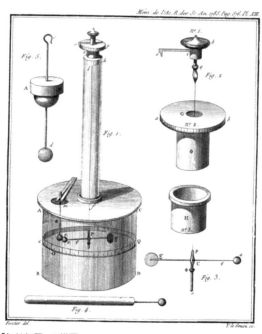

「ねじれ秤」の描画
クーロンの研究論文（1785年発表）

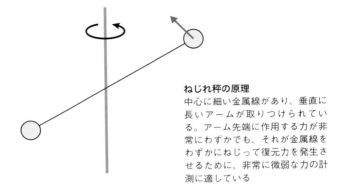

ねじれ秤の原理
中心に細い金属線があり、垂直に長いアームが取りつけられている。アーム先端に作用する力が非常にわずかでも、それが金属線をわずかにねじって復元力を発生させるために、非常に微弱な力の計測に適している

　ねじれ秤がなければクーロンは逆二乗則を示せなかっただろうと言われている（実際、キャベンディッシュはクーロンに先駆けて逆二乗則を発見していたが〈未発表〉、全然別のやり方だった〈後述〉）。

　ねじれ秤は、雑な説明をすると金属のねじれ弾性を用いた秤である。クーロンが実験装置を自分で発明した、というのは奇異に聞こえるかもしれないが、昔はけっして珍しいことではなかった。木星の衛星を発見したガリレオだって、自分で望遠鏡を作ったからそれができたんだし、雷の実験をしたフランクリンの凧を第三者が作ったとも思えない。産業革命以前、18世紀前半までの科学の時代には科学的な発見は実験器具の開発とつねにセットだった。実際、金属のねじれを利用したねじれ秤は微細な力を観測するのに最適な装置で、それなしにクーロンは逆二乗則を定量的に実証できなかっただろう。

クーロンの法則の発見者はキャベンディッシュ？

　もっとも、クーロンの逆二乗則はねじれ秤がないと証明できないわけではなく、クーロンに先駆けて、イギリスの科学者、キャベンディッシュがまったく別の方法ですでに証明していた。じゃあ、なんでキャベンディッシュの法則じゃなくクーロンの法則という名前がついているかというと、人間嫌いのキャベンディッシュは逆二乗則の発見というすばらしい業績を公開しなかったからだ。

　キャベンディッシュは、両親とも富裕な貴族の家柄で名門ケンブリッジ大学に学んだが、学位を取ろうとせず、生涯独身で孤独を愛し、自邸で科学研究に没頭した。その業績は、水素を発見したり、万有引力定数の測定をしたり、地球の密度を求めるなど、物理や化学の分野で輝かしいものであった。クーロンの法則をキャベンディッシュが発見していた事実は、発見から1世紀経って、電磁気学の基礎を築いたマクスウェルに発掘されるまで公になることはなかった。

　そのため、キャベンディッシュのほうがクーロンより先にクーロンの法則を発見していたことがわかったのは、彼がこの世を去ってかなり時代が下ってからだった（キャベンディッシュとクーロンはほぼ同世代の科学者だった）。そのころにはすでに「クーロンの法則」という名前が人口に膾炙しており、いまさら名前を変えるわけにはいかなかったのだろう。

　さて、キャベンディッシュは計測困難な静電気力をどのような手段を用いて計測したのだろうか。

　キャベンディッシュはクーロンのようにねじれ秤で直

接点電荷の間の静電気力を測定したわけではなくもっと高度な方法を使った。ここでは実験の詳細については説明を控えるが、彼は「もし、点電荷の間の静電気力が逆二乗則にしたがうなら、一様に帯電した球殻内には静電気力は働かない」という原理を使った測定手法を考案した。

　天才キャベンディッシュが考案した原理を模式図を用いて説明しよう。まず一様に帯電した球殻内にある点Ａを考える（下図参照）。次に、点Ａに対して球殻上の赤い円形で切り取られた部分球殻から及ぼされる力の総和（赤い矢印）を考える。次に、この赤い部分を点Ａを対称点にして反対側に射影した青い円形で切り取られた部分球殻から及ぼされる力の総和（青い矢印）を考える。

　さて、青い矢印と赤い矢印はどっちが大きいだろうか。矢印で表せる力はまず厳密に逆向きである。対称な位置にある図形を考えたのだからそうならないとおかしい。

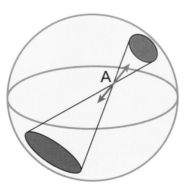

キャベンディッシュの実験の説明図

次に、赤い力の大きさ（矢印の長さ）を考えよう。点A
に働く力の大きさは、赤い円形で切り取られた部分球殻
の面積に比例する。同様に青い力の大きさ（矢印の長さ）
は、青い円形で切り取られた部分球殻の面積に比例す
る。

　さて、青の円と赤の円の面積は、点Aから赤や青の領
域までの距離の2乗に比例する。円の面積は半径の2乗
に比例し、点Aから赤や青の領域までの距離は半径に比
例するからだ。文章にするとややこしいが、式に表すと
シンプルだ。

　　赤い矢印の力∝赤い円で切り取られた領域の面積
　∝点Aと赤い円で切り取られた領域との距離の2乗

　　青い矢印の力∝青い円で切り取られた領域の面積
　∝点Aと青い円で切り取られた領域との距離の2乗

　つまり、「赤い矢印の力」も「青い矢印の力」も、点
Aからそれぞれの色の領域までの距離の2乗に比例す
る。ここでもし、クーロンの法則どおり、点電荷の間で
働く静電気力は、距離の2乗に反比例していると仮定す
ると、以下のように式が導き出される。

赤い矢印の力∝
　点Aと赤い円で切り取られた領域との距離の2乗×
　1／点Aと赤い円で切り取られた領域との距離の2乗
　　　　　　　　　　　　　　　　　　　　　＝1

青い矢印の力 ∝

点Aと青い円で切り取られた領域との距離の2乗 ×

1／点Aと青い円で切り取られた領域との距離の2乗

= 1

　つまり、点Aが、一様に帯電した球殻内部にある限り、その点に働く静電気力は部分球殻からの距離によらなくなってしまう。つまり、青と赤の矢印は打ち消しあってゼロになってしまう。

　逆もまたしかり。もし、球殻内の静電気力がゼロならば、点電荷の間の静電気力は逆二乗則にしたがうことになる。ちょっとややこしいが、なんとなくはご理解いただけるだろう。

クーロンの法則は万有引力の法則のパクリか？

　ところで、もう一度、クーロンの法則の公式をよくご覧いただきたい。

$$F = k\frac{q_1 q_2}{r^2}$$

$F\,[\mathrm{N}]$ …静電気力
$k\,[\mathrm{N \cdot m^2/C^2}]$ …クーロンの法則の比例定数
$q_1\,q_2\,[\mathrm{C}]$ …各点電荷の電気量
$r\,[\mathrm{m}]$ …各点電荷間の距離

（再掲）

　この式を見て、別の物理法則を思い出さないだろうか。ヒントは逆二乗則である。

　逆二乗則が登場する物理の公式といえば、そう、「万有引力の法則」である。物理音痴であっても名前ぐらいは知っているだろう。

「万有引力の法則」は、イギリスの物理学者ニュートンによって1665年に発見された。万有引力とは、すべての物体の間に働く引力のことで、物体の質量の積に比例し、物体間の距離の2乗に反比例する力が働くとする。

万有引力の法則を式に表すと下記のようになる。

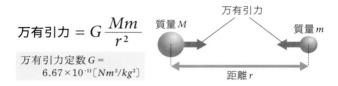

相互の質量の積（Mm）に比例し、距離の2乗（r^2）に反比例する大きさを持つ。万有引力の法則とクーロンの法則では比例定数が異なり、質量と電荷という違いはあるが、逆二乗則という点ではまさにうり二つである。

前述したように、ニュートンによって万有引力の法則が発見されたのは1665年で、クーロンやキャベンディッシュがクーロンの法則を発見したのは、それから100年以上経ってからだ。

クーロンやキャベンディッシュはそのアイディアを万有引力の発見者であるニュートンからパクったように見えるかもしれないが、実際には、逆二乗則自体はニュートンのオリジナルではなく、ニュートンが研究をしていた時代には、すでに万有引力が逆二乗則だということは多くの人間が予想しており、ニュートンはそのアイディアを数学的に体系づけた理論に昇華させただけだったそうだ。「だけだった」と言ってもそこがいちばん難しいのだけれど。

逆二乗則はもちろん、電荷から遠くなると力が弱くなるという期待される性質を表現しているが、ちょうど2乗分の1だということがいろいろ便利な性質につながっている。

　たとえば、静電気力は「一面に電荷が広がっている場合、働く静電気力が平面からの距離によらない」という性質を持っている（次の図参照）。これは、本書で後述するようにきわめて重要な性質である（わかる人のために言っておくと平行板コンデンサー間の電場の値が一定であることを保証している）。

　Chapter12に登場する「コンデンサー」は、逆二乗則の原理を応用した電子部品である。コンデンサーは電荷を蓄えることができるデバイスで、これなくして電子回路や半導体は成立しない。

　これはたったひとつの例にすぎないのだが、逆二乗則というのは伊達に逆二乗則なわけではなく逆一乗則や、逆三乗則だったらけっして起きないことが起きる、特別な逆N乗則なのである。

- 平面までの距離 ＝ 円錐の高さ
- 平面上の同じ面積内の電荷からの静電気力の大きさ ∝ 円錐の高さ
  の２乗分の１
- 底面の面積 ∝ 高さの２乗
- 円錐の底面積全体からの静電気力
  ＝ 同じ面積内の電荷からの静電気力の大きさ × 底面の面積
  ∝ 円錐の高さの２乗分の１× 高さの２乗
  ＝ 定数

逆二乗則だと静電気力が平面からの距離によらないことの説明

平面上に一様に電荷が分布しているとしよう。平面から異なった距離だけ離れた２点を考える。それぞれの点の下に円錐を考え、円錐の底面部分にある電荷が及ぼす静電気力を考える。このとき、円錐がお互いに相似になるように考えておけば、底面積、つまり、底にある電荷の量は距離の２乗にしたがって増えていく一方、静電気力は逆二乗則で減っていくので、結局、底面にある電荷が頂点の位置に及ぼす静電気力は同じになり、距離によらない。

実際は底面部分だけじゃなく、全平面を考えなくてはいけないのだが円錐をお互いに相似な形を保ったまま底面をどんどん広げていけば力の大きさそのものは増えていくが、大きさが２点間で同じだ、という条件は保たれる。

円錐の底面の大きさを無限大にすれば、無限に広い平面に電荷が分布している場合の静電気力になるが、２点に働く静電気力の大きさが同じだ、という条件は保たれるので、静電気力は平面からの距離にはよらない。無限に広い平面からの静電気力は無限大になってしまうのでは、と思うかもしれないが、そうはならない。もし、静電気力が逆二乗則じゃない場合には、底面積が大きくなっていく割合と距離が伸びて静電気力が小さくなっていく割合が打ち消しあわないので、距離によらずに同じ力が働くということはけっして起きず、これは逆二乗則のときにしか起きない

Chapter 10

ブラウン管で知る「電場」の謎

　昭和世代にはお馴染みだが、若い世代の中には「ブラウン管」（下記イラスト参照）と言われてもそろそろ「見たことない」「聞いたこともない」という人たちがいてもおかしくない時代になった。ブラウン管の「ブラウン」は人名に由来する。フルネームはカール・フェルディナント・ブラウンで、1850年6月6日に生まれ、1918年4月20日に亡くなっているれっきとした物理学者である。

　物理学者だからもちろん、テレビの画面を作るためにブラウン管を発明しようとしたわけじゃなく、電流回路の波形を可視化するオシロスコープという装置を作るための基礎技術としてブラウン管を発明した。

パネルガラス　　　　　　　　ファンネルガラス

電子銃

ブラウン管
左側の平らな部分に絵が映し出された。右側の漏斗状の構造が電子銃と加速装置の部分である。この部分があるためにブラウン管は薄くできなかった

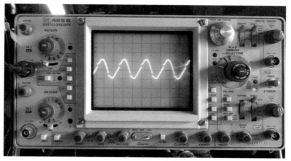

オシロスコープ
横軸は時間で縦軸は電流や電圧。簡単に波形を可視化できる

　オシロスコープという装置自体は残っていても、ディスプレイ部分はもう液晶に置き換えられてしまったものが多いので、オシロスコープの発明のためにブラウン管が考案された、と言ってもあんまりピンとこない人も今や多いのかもしれない。

　ブラウン管は、20世紀に、いわゆるディスプレイに多用された技術だ。スマホにも使われている平たい液晶ディスプレイとは異なって、ブラウン管には「奥行き」が必要だった。それは「画面のどこを光らせるか」という制御に電子銃を使っていたからだ。

電荷を操り、映像を作り出す

　ブラウン管は、電子銃から放出された負電荷を帯びた電子を偏向コイルによってその軌道を曲げて、スクリーン蛍光面に照射し、発光させて映像を表示する。ブラウン管でもっとも重要となるのが、電子銃から放出された

電子を、スクリーンの正しい場所にぶつける制御技術だ。

　ここで登場するのが「電場」という概念だ。電場とは、ひらたくいえば、電荷が電気的な力を受ける空間のことを指す。ブラウン管は、負電荷を帯びている電子に電場を作用させることで静電気力を発生させ、電子に加速度を生じさせて軌道を曲げることでスクリーンのどこに電子が到達して光らせるかを制御している。この電子銃から電場までの距離が短くできなかったのでどうがんばっても「薄いブラウン管」を作ることができなかった。その結果、液晶ディスプレイなどの薄型のディスプレイが発明されると、ブラウン管は瞬く間に淘汰されてしまった。

電場とはなんぞや？

　電磁気現象を引き起こす源ともいえる「電荷」に働く力は、次の式で規定される。

$$力 = 電荷の大きさ × 電場の大きさ$$

　実のところ、この「電場」という代物はわかりにくいことこのうえない。まず、電場は目に見えない。人間は静電場（時間によらず、変化しない電場をこう呼ぶ）を感じる器官を持たないので、電場があってもそれを感じることはできない。電荷を置いてみてそれに作用する力の大きさを見ることでしか感じることができない。

　また、電荷というものは正負があるうえに、正と負の

電荷は引きあってお互いのそばに集まりやすいので、正または負の電荷だけを集めることが難しい。それゆえ人間が感じられるほどの大きさの力を発生できるだけの正電荷や負電荷の塊を目にすることはまれなので、私たちは、目に見えない電場を電荷に作用する力を通して感じる機会にも恵まれない。結果、電場は人間にとって、とってもわかりにくいものになった。

電場は「水の流れ」みたいなものだと思うとちょっとだけわかりやすい。ただし、「川の流れ」のように時々刻々変わるものでなく、用水路のように水流が一定方向に、同じような速度で流れている状態を思い浮かべてほしい。

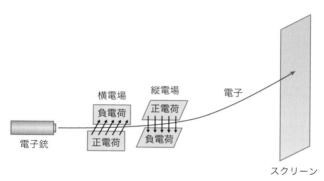

ブラウン管の原理
電子銃から発射された電子は横電場（電子の軌道を左右に曲げる）と縦電場（電子の軌道を上下に曲げる）で曲げられてスクリーンの任意の場所に誘導される。縦横電場は、平行極板に逆符号の電荷を帯電させることで作られている（後述）。電子1個で光らせられる領域は1点だが、多数の電子を次々とスクリーン上のいろいろな場所に短時間で連続してぶつけることで結果的に多数の場所を同時に光っているように見せることができ、文字や画像を映し出せた

川を水が流れているときには川が水で満たされている。流れを作っているのは、「水」という実体を持つ物質である。これに対して電場は、何か実体のあるものが流れているわけではなく、「電場」という流れのようなものが存在しているだけなので流れがなくなると電場もなくなってしまう。

　この実体は何もないのに流れは存在するというのはとってもわかりにくい。実際、物理学者は目に見えない何かが流れることによって電場が発生するのだとずっと思っていた。電場が何もない真空の中を「流れる」ことができるということに物理学者が気づいたのは、電場が発見されたかなり後のことである。なので「流れる実体がないのに流れだけ存在するという電場はよくわからない」と感じても当然のことで不安に思うことはない。物理学者だってほかの可能性が全部否定されて初めて電場は何もないところを「流れて」いるんだとようやく納得したのだから。

　水の流れに、何か物体を浮かべれば、水の流れに沿っ

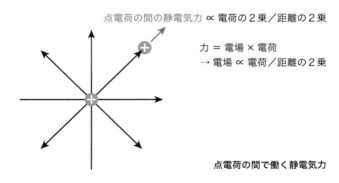

点電荷の間の静電気力 ∝ 電荷の２乗／距離の２乗

力 ＝ 電場 × 電荷
→ 電場 ∝ 電荷／距離の２乗

点電荷の間で働く静電気力

て移動していくだろう。ここでもし、その何かを流れに逆らってその場にとどめておこうとしたら何らかの力を加える必要がある。この力の大きさが静電気力で、川の流れの速さが電場の大きさ、川の流れの向きが電場に相当するものだと考えると、イメージが湧くかもしれない（もっとも、実際は電場に沿って何かが流れているわけではけっしてないのだが……）。

感覚的な説明に違和感を覚える向きもあるだろうから、教科書的な説明をしておこう。

もう一度、クーロンの法則の公式をご覧いただきたい。

$$F = k \frac{q_1 q_2}{r^2}$$

$F\,[\mathrm{N}]$ …静電気力
$k\,[\mathrm{N\cdot m^2/C^2}]$ …クーロンの法則の比例定数
$q_1\,q_2\,[\mathrm{C}]$ …各点電荷の電気量
$r\,[\mathrm{m}]$ …各点電荷間の距離

（再掲）

正電荷が2つあるとき、外側に置かれた電荷に働く静電気力は2つの正電荷の積を距離の2乗で割ったものに比例することがクーロンの法則でわかっている。

次にこの静電気力で電場を定義することにする。電荷と電荷の間に直接力が働くのではなく、一方の電荷が電場を作り、その電場がもう一方の電荷に作用することで力が発生する、と考える。するとそのもう一方の電荷に働いている静電気力は、静電気力＝電荷×電場と書けばいいことになるので電場＝静電気力／電荷と定義できる。

中心の電荷が正電荷の場合、電場の向きも、外側に置かれた電荷に働く静電気力の向きと同じなので外向きとなる。静電気力の大きさは距離だけによるので、電場は正電荷の周囲に放射状に発生していることになるが、目

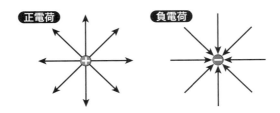

正電荷　　　　　　　負電荷

には見えない。

　一方、中心の電荷が負電荷になると外側に置かれた電荷に働く静電気力の向きも反対になるので、電場の向きも反対になる。つまり、負電荷の周囲の電場は同じ放射状だが、内向きになる。

逆二乗則じゃないとブラウン管はなかった?!

　繰り返しになるが、私たちが、電場の効果を目の当たりにすることはめったにない。液晶モニタが普及して失われたが、ブラウン管は、電場を意識する数少ない機会であった。

　それではブラウン管内部では、どのように電場が制御されているのだろう。まず、静電場は電荷からしか発生しない。ブラウン管の中の電場は、それぞれの電極に正の電荷だけ、負の電荷だけを無理矢理集めて作っている。

　電場は正電荷の周囲には放射状に外向きに発生する（図の①）。負電荷の周囲には同じく放射状に、しかし内向きに発生する（図の②）。そこで正電荷を平面に敷き詰めれば、平面に垂直な成分以外は打ち消しあってしまい、電場は平面に対して垂直に外向きになる（図の③）。

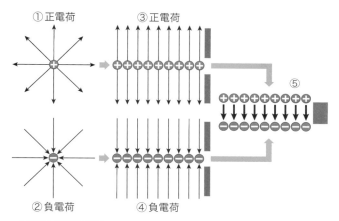

①正電荷　　　③正電荷　　　　　　　　　　　⑤

②負電荷　　　④負電荷

極板間の電場の発生

赤い四角の幅が電場の強さを表す。正電荷と負電荷の極板を向かい合わせに置くと、極板の外部の電場はゼロになるので、電場の強さを表す四角形は消失する。代わりに極板間の電場は強めあって2倍になるので、電場の強さを表す四角形の幅も倍になる

反対に、負電荷を平面に敷き詰めれば、平面に対して垂直に内向きになる（図の④）。そこでこの2つの平面を近づけると、平面の間の電場は強めあうが外側の電場は打ち消しあってしまうので平面の間にだけ電場が存在するようになる（図の⑤）。

これがブラウン管で電子の軌道を曲げるために使われている極板間の電場の発生方法である。

ここでクーロンの法則から導かれる「逆二乗則だと静電気力が平面からの距離によらない」（Chapter 9）が効いてくる。静電気力が同じだということは、とりもなおさず平面上に一様に分布した電荷が作る電場が平面からの距離によらない、ということである。

もし、クーロンの法則が逆二乗則ではない場合にはこれは成り立たないので、当然、電場の大きさも平面からの距離によって変わってくる。そうなると平面の外側の電場は打ち消しあってなくなる、というわけにはいかないし、電場の中を通り過ぎる電荷にかかる力も「平面間のどこを通るか？」で変わってしまうので、制御はとても難しくなる（次の図）。

　つまるところ極論すれば「**逆二乗則じゃなかったらブ**

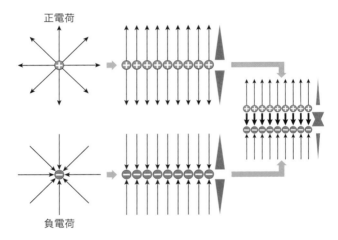

正電荷

負電荷

逆二乗則じゃない場合の平面間の電場
電場の強さを赤い三角で示した。三角の幅が大きいほど電場は強い。たとえば、平面のそばのほうが電場が大きく、徐々に小さくなっていく場合は、下の平面の下側では、負電荷が作る上向きの、上の平面の上側では正電荷が作る上向きの電場のほうが大きくなってしまうので外の電場はゼロにならない（ただし、大きさは小さくなるので三角形の幅は小さくなる）。また、平面間の電場も平面に近いほうが電場が強くなってしまうので、電子が平面間のどこを通過するかで電場の大きさが変わってしまい制御が難しくなる（極板間の中央が一番電場が弱くなる）

ラウン管はなかったかもしれない」ということである。伊達に逆二乗則なわけじゃないのだ。

　また、ブラウン管の内部は真空だった。空気中を電子が疾走するとすぐに空気中の分子に衝突して止まってしまうからだ。

　逆に言うと、電場の効果で、電荷を帯びた物体が曲がりながら中を飛んでいる状態を見る機会も、空気中で呼吸するしか生きる術がない我々には非常に乏しいということになる。これが力学分野に比べると電磁気学分野が縁遠く、わかりにくく感じられる原因のひとつだろう。電場が使われているわかりやすい状況なんて、それこそブラウン管以外には考えにくい。おそらく、雷はその数少ない例外だろうが、あの光と音は絶縁破壊と言って、本来は絶縁体である空気の中を電流が強引に空気をプラズマ化しながら流れている状態なので、とても「電場に加速されて動く電子の典型的な状態」とはいえない。その意味でも、まさに電磁気学の原理そのものだったブラウン管が、身の回りからなくなってしまったことは物理学者としては悲しい限りだ。

Chapter 11

エジソンと白熱電球
（電流・電圧・電力）

　エジソンは、子ども向けの偉人伝に必ず登場する、知らない人はいないくらい日本では有名な人物だ。

「発明王」として知られるエジソンが遺したとされる「天才とは99％の努力と1％のひらめきである」という名言は、コピーライターでも思い浮かばないような傑作だし、「失敗なんかしちゃいない。うまくいかない方法を700通り見つけただけだ」なんていうのは、すごい努力家でかつ負けず嫌いだったことを窺わせる、いかにもエジソンが言いそうなセリフだ。

トーマス・アルバ・エジソン（1847〜1931年）

エジソンというと、蓄音機とか白熱電球とか成功したものばかり有名だが、実際は惜しいところで発明者の名前を逃した例も結構多い。たとえば、電話はグラハム・ベルが発明者ということになっているが、エジソンも電話の開発に熱を上げていた。かなりいいところまで行っていたが、最終的に、電話そのものの特許を取ったのはベルであった。

エジソンは科学者というより技術者、技術者というより実業家というほうが正しかったようで、電話というシステムに対するエジソンの技術的な最大の貢献であるカーボンマイクロフォンも、実はほぼ同時期に同じものを発明したヒューズの功績にカウントされることが多いという。

エジソンは、いまでいうところの発達障害児であったといわれていて、小学校を3ヵ月で飛び出し、以後、正規の教育は受けていない。そのため、物理や数学の理論は正確に理解していなかったといわれる。当然のことながら、電磁気学の理解も十分でなかっただろう。

この「科学者＜技術者＜実業家」というエジソンの属性は、数万回ともいわれる実験を繰り返し、白熱電球に最適なフィラメントの素材を見いだすことを成功させると同時に、後に若き天才物理学者ニコラ・テスラとの「交流・直流」をめぐる死闘で、自分自身に向かって牙をむくことになる（後述、Chapter 14）。

オームの法則と白熱電球

エジソンが電球開発に熱を上げていた当時、すでに人

類は電気を工学的に応用していた。電信はすでに商業サービスが始まっていたし、ベルの電話の特許も成立していた。だが、これらはみなあくまで通信の手段としてだった。電話の開発でベルに後れをとり、一敗地にまみれたエジソンがいままでの通信としての電気利用とは一線を画する、照明器具としての電球の開発に懸けた執念は相当のものだったろう。

電球の原理は簡単だ。有名なオームの法則を思い出してほしい。

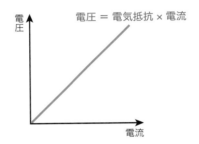

中学理科でも習ったとおり、電気抵抗は、電流の流れにくさを表したもので、単位はオーム（Ω）である。超伝導体以外のすべての物質は、電流を流したときに熱が発生し、電気エネルギーの一部が失われる。

白熱電球で抵抗となるのがフィラメントだ。一定の電圧をかけると、電流が流れ、この際に熱が発生して、フィラメントを輝かせる。この際、どれくらいの熱が発生するのだろうか。

これは実は力学編で出てきた「エネルギー保存則」で説明される。電荷がある電圧の区間を移動した場合、失

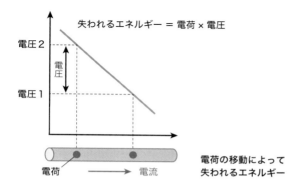

失われるエネルギー ＝ 電荷 × 電圧

電圧2

電圧

電圧1

電荷の移動によって
失われるエネルギー

電荷　　　→　　電流

われるエネルギー（位置エネルギー）は以下の式で求められる。

　　　電荷の移動で失われるエネルギー ＝ 電荷 × 電圧

　この式が成り立つ理由は以下のとおりである。正の電荷を電位差があるところに置くと、電位[7]の高いほうから低いほうに向かって正の電荷は「押される」ことになる。この際にエネルギーが放出される。

　なぜか。一般的に、正の電荷を電位が低いところから高いところに押し上げるには「仕事」をしないといけない。反対に、高いところから低いところに移動する場合は、この仕事の分のエネルギーが「放出されて失われる」ことになる。

　電流とは単位時間当たりに移動する電荷の量だから、

────────────

※7　電位とは、電荷にかかわる位置エネルギーであり、静電ポテンシャルともいう。ある2点の間の電位の差は、電位差〈電圧〉という

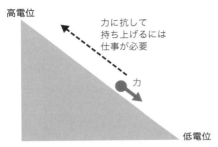

力に抗して
持ち上げるには
仕事が必要

力

高電位

低電位

力に抗して高電位に持ち上げるには仕事が必要。逆に低電位にするためには、仕事の分に相当するエネルギーが放出される

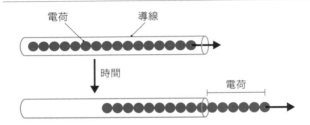

電荷　　　導線

時間

電荷

電荷と電流の関係

電流に時間をかけると電荷になるので、前述の式は、

　電荷の移動で失われるエネルギー＝電流×時間×電圧

となる。ゆえに、ある時間に失われるエネルギー（ある時間内の発熱に相当）は、次の式で求められる。

　単位時間当たりに失われるエネルギー（発熱）＝電流×電圧

「単位時間当たりに失われるエネルギー」が大きいほど発熱は大きく電球は明るくなる。電流の単位はアンペ

アンペアブレーカーの色	赤	桃	黄	緑	灰	茶色	紫
ご契約アンペア (A)	10	15	20	30	40	50	60

契約しているアンペアは、アンペアブレーカーの色や数字で確認できる
（東京電力エナジーパートナー）

ア（A）で、電圧の単位はボルト（V）だが、電流×電圧の単位は何か。実はこれが電力を示すワット（W）なのである。店で電球を買うとき、ワット数が大きい電球ほど明るいのはこのためである。ところで、皆さんの家の電力会社との契約はアンペア単位だと思うが、なぜ電力を示すワット単位にしないのか。実は、家庭で使われる電圧は100ボルト固定なので、電流を決めると、必然的にワットも確定する。私たちは、実際にはアンペア数×100の値に等しいワット数、つまりある時間に消費できるエネルギーの量を電力会社と契約しているのである。

　我々は「電力」という言葉を何気なく使っているが、正確な意味を理解して使っている人は少ない。電力とは、電流×電圧で表される「単位時間当たりに使えるエネルギーの量」のことなのである。

電熱器と白熱電球は紙一重

　白熱電球の開発はエジソンにぴったりだった。物理原則を発見するだけではなく、安価で長寿命のフィラメントに適した素材を発見する「実業家」としての能力が求められたからだ。

　白熱電球の開発は熱との闘いでもあった。電気抵抗で

フィラメントを光らせるアイディアは単純だが、エネルギーの大部分は熱（を含む可視光じゃない赤外線）になってしまって目的の光になる部分はごくわずかしかない。しかも、白熱電球は密閉されていて、ランプやロウソクのように対流で、熱を外部に運んでもらうこともできないので、すぐに熱がたまってしまい、発光している部分の温度が上がりすぎて融けてしまう。

　だいたい、電気抵抗で熱を作るというしくみ自体は、電熱器と同じなのだから、熱がたくさん発生するのは当たり前なのである。

　エジソンは長時間融けないで発光し続ける素材を求めて試行錯誤を繰り返し、6000種類以上の素材を試して、最終的に日本の竹を炭化させて作ったフィラメントが1200時間以上もつことを発見したと言われている。1200時間、というと長そうだが、毎日3時間、夜間に点灯したとすると、400日しかもたない。1年ちょっとしかもたないから、それほど長寿命というわけではないだろう。

　長らくランプの時代が続いた人類にとって、白熱電球は画期的な発明だったが、白熱電球だけ売っても商売にならなかった。当時は、家庭にはまだ電気が引かれていなかったからだ。

　白熱電球を売って一儲けするためには、一般家庭に電気を供給しなくてはならなかった。実業家だったエジソンはみずから電力会社を設立して、白熱電球と発電（＋給電）事業の両方で利益をあげようと考えた。そして、それは結果的にエジソンに悲劇をもたらすことになる（後述、Chapter 14）。

Chapter 12

電気回路に不可欠の電子部品 「コンデンサー」の謎を解く
（電気容量）

　電位に差がある2点間（電圧）を電気抵抗でつなぐと、オームの法則（電圧＝電流×電気抵抗）で決まる大きさの電流が流れる。じゃあ、回路内の2点間の電圧が低下するのは抵抗に電流が流れたときだけだろうか。

　実はそうではなく、電気をため、必要に応じて放出する電子部品コンデンサー（キャパシタと呼ばれることもある）を使っても回路内の2点間の電圧は下げることができる。コンデンサーというと、学生時代に電子工作で作ったラジオに多数使われていたことを思い出す人も多いだろう。

　コンデンサーは、図のように、絶縁体を2枚の金属製の板（極板という）で挟んだ簡単な構造になっている。こんな簡単な部品になぜ電気が蓄えられるのだろうか。

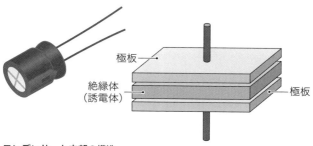

極板

絶縁体
（誘電体）

極板

コンデンサーと内部の構造

電場の項（Chapter 10）でも、一部説明しているが、おさらいの意味で、コンデンサーに電気が蓄えられるしくみを図解しておこう（次の図）。

　電池をつなぐ前のコンデンサーの極板は、＋と－が等量なので、上の極板も下の極板もまだ帯電していない。しかし電池に接続すると、上の極板にある自由電子が下の極板に移動することで、徐々に上の極板には＋が、下の極板には－が帯電していく。最終的に上の極板に＋Qクーロン、下の極板に－Qクーロンが帯電すると、コンデンサーにQクーロンが蓄えられたということになる。

電池とコンデンサーを区別できない！

　電池を外しても、蓄えられた電気はすぐには消えない。＋に帯電した極板と－に帯電した極板が互いに引きつけあうので、電荷が蓄えられた状態が維持されるのだ。

　唐突だが、ここでクイズをひとつ。電気抵抗にコンデンサーをつないだ回路①と電気抵抗に電池をつないだ回路②を考えてみよう（右下の図）。当然のことながら、どちらも電流が流れる。ここで、もし、コンデンサーと電池の部分を覆って隠してしまったら、どっちが電池でどっちがコンデンサーか区別することはできるだろうか。

　正解は「区別する方法はない」である。電気抵抗に電池とコンデンサーをつなぐと、まったく同じ電流が流れるので、コンデンサーと電池の部分を覆って隠してしまうと両者を区別することは不可能なのだ。

コンデンサーの電池による
充電のしくみ

（『大学入試　漆原晃の　物理基礎・
物理［電磁気編］が面白いほどわかる
本』〈KADOKAWA〉掲載図版をもとに
作成。128ページ、130ページも同様）

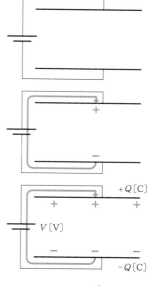

図の緑色の矢印は電流が
流れる向きで電子の移動
は逆向きである

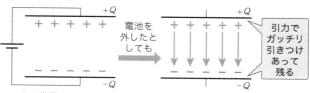

いったん帯電したコンデンサーは電池を外しても、
電気はそのまま蓄えられる

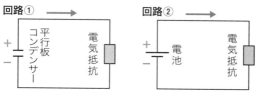

電気抵抗に電池とコンデンサーをつなぐと同じ電流が流れる

コンデンサーの容量はどう決まるのか

　電池には電位差（電圧）があり、それゆえに抵抗とつなぐと電流が流れる。同様に、電荷を蓄えているコンデンサーの極板間にも電圧がかかっている。たくさん電荷がたまっているほど電圧が大きくなる。また、電圧が大きければ大きいほど、大きい電流が流れ、かつ、その大きさは比例関係となる。

$$電圧 \propto 電荷$$

　コンデンサーがどれだけ電荷を蓄えることができるかを示す指標のことを電気容量（C）と呼ぶ。

　コンデンサーの電気容量は、極板の面積（S）と極板の間隔（d）によって決まる。極板や極板の間を埋める材質さえ同じであれば、コンデンサーがどれだけ電荷を蓄えられるかは、その形状によって一意的に決まるわけだ。

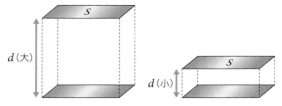

コンデンサーの電気容量は、
極板の面積（S）と極板の間隔（d）によって決まる

　高校物理の教科書には、コンデンサーの電気容量（C）を求める公式が記載されている。

$$C = \frac{\varepsilon S}{d}$$

ε は、極板の間を満たす物質で決まる比例定数で、誘電率という。この式を見ればわかるとおり、極板のサイズが大きければ大きいほど、そして極板の間の距離が狭ければ狭いほど、蓄えられる電気容量は大きくなる。

あとからわかったことだが、Chapter 8 で登場した静電気をためる器具であるライデン瓶は一種のコンデンサーになっていた。ライデン瓶は外と内に金属箔が貼ってあり、そこがちょうど極板の役割を果たして、コンデンサーとなっている。もちろん、当時はそんなことは皆目わからないので、みんな「ライデン瓶の中の空間に電荷がたまっている」と思っていたはずだ。

「電荷」「電場」「電位」、実は三位一体の存在

さて、ここで、再び「電荷」に登場していただこう。クーロンの法則でも説明したとおり、電荷（Q）とは、帯電したものが持っている電気のことで、陽子に比べて電子が多いと－に帯電し、電子が少ないと＋に帯電する。電荷の量のことを「電荷量」あるいは「電気量」という。ちなみに公式は以下のようになる。

電荷（Q）＝ 電気容量（C）× 電圧（V）

ここで、「電場」という、ややこしい概念にも再登場していただく。「場」とは、目には見えないが、その中

に置かれる物体に力を与える空間のことをいう。前述したように、電場とは、ひらたくいえば、電荷が電気的な力を受ける空間のことを指す。「電場」は「電界」と呼ぶこともある。

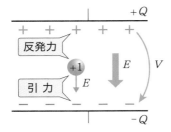

電場の強さ（E）は、空間の1点に電荷を置き、この電荷が受ける力（電気力）で表すことができる

　電場の強さ（E）は、空間の1点に電荷を置き（点電荷という）、この電荷が受ける力（電気力）で表す。
　実は電圧（V）は、この電場の強さ（E）に逆らって、点電荷を動かす仕事量として表すことができる。式にすると、

　電圧（V）＝ 電場の強さ（E）× 電荷を動かす距離（d）

となるので、電場は、次の式で表すことができる。

$$E = \frac{V}{d}$$

　平行板コンデンサーの間の電場は、電圧を極板間距離で割ったものとする式は、高校物理の教科書に書かれているが、これがその説明である。

倒錯する物理量の定義

この式はコンデンサーの専売特許ではないので、電気抵抗に電流が流れる場合でも成り立つ。

電場＝電圧／電気抵抗の長さ

ここで、やっかいな問題が生じる。電気抵抗がない導線の部分に電場があると、上記の式からも明らかなとおり、そこには距離に応じて電圧があることになってしまう。しかし、電圧があり、電流が流れているのに電気抵抗はゼロ、となるとオームの法則（電圧＝電流×電気抵抗）と矛盾してしまう。

そこで物理学者たちは、「電気抵抗以外には電場はない」と考え、「電場は電気抵抗があるところだけにしかない」ことにした。

なんだか屁理屈臭いが、こうでもしないといろいろ矛盾が起きてしまう。電場があったら電荷に力が働いてしまうので、導線のところに電場があることになると電荷に力が働いて加速してしまう。そうなると電流が増えて

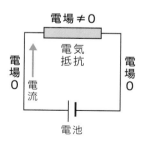

電池に電気抵抗をつないだ
場合の電場の考え

しまうことになるので、一定の電流が流れているという現実と矛盾してしまうからだ。

このなんとも倒錯した感じの定義（導線の中で電場があることにすると現実と矛盾するから、電場がないことにしよう！）はいまでは一周回って逆に導線の定義になってしまっている。つまり「電場が絶対生じない物質を導線と呼ぶ」ということである。こういう最初は導出された結果（電気抵抗がない導線の中に電場があることにするとオームの法則と矛盾するからないことにしよう）だったものが逆に定義になってしまう（内部に電場が生じないものを導線と定義）のは物理学ではよくあることである。「エネルギー保存則」だって最初は実験に基づく結果にすぎなかったが、今は、保存するというのはむしろエネルギーの定義のひとつになった。

このように実験から積み重ねた結果を確かなものとしてむしろ定義に置き換えていくというのは物理学においては重要なプロセスである。

ちなみに現実の回路の場合、導線部分であっても電気抵抗はゼロということはなく非常に小さな電気抵抗があって、そこでの電位の変化は無視できるので「電気抵抗はゼロとする」とされているだけである。本当に電気抵抗がゼロの物質は超伝導体しか存在せず、常温常圧で超伝導になる物質は見つかっていない。

デジタル社会を支えるコンデンサー

コンデンサーというのはモーターなんかに比べると身近ではない感じがする部品だが、実はいたるところで使

われており、現代のようなデジタル社会は、コンデンサーなくしては成り立たない。

　たとえば、計算機のメモリー。計算機が計算するには「数字」を記録しておくところがどうしても必要だ。1＋1＝2を計算するにも1、1、2という3つの数を記録する場所が必要である。この「記録場所」にコンデンサーが使われている。

　コンデンサーに電荷がたまっていれば「1」、空なら「0」を表すとする。「これじゃあ0と1しか表現できないじゃないか」と思うかもしれないが、それは「二進法」という方法を使うと解決する。

　ご存じのとおり、「二進法」はどんな数でも1と0だけで表現できるという便利な方法だ。たとえばコンデンサーを10個用意する。「全部空」の状態から「全部充電」の状態まで、10個のコンデンサーが「空」か「充電」かの場合を全部数え上げると2^{10}で1024通りの場合がある。ということはコンデンサー10個で1024までの数を表現できることになる。11個なら倍の2048、12個ならさらに倍の4096とコンデンサーの数を増やせばいくらでも大きな数を表現できる。

　ここでは、計算機を例に説明したが、お馴染みのスマホのメモリー管理も同じしくみである。スマホに蓄えられている音楽も映像も、こうやってコンデンサーの「充電」と「空」のパターンで表現されているのである。

Chapter 13

知名度は低いけど、身近に存在する電磁気学的な力
（ローレンツ力）

　同じ電磁気学的な力でありながら、静電気力に比べてローレンツ力ははるかに身近な存在だ。日常生活にもローレンツ力を使った製品がいたるところに存在している。その一方で、静電気力に比べて、ローレンツ力の知名度は著しく低い。

　ローレンツ力とは、磁場内を運動する荷電粒子に磁場から働く力のことをいう。1895年にオランダのライデン大学教授のヘンドリック・ローレンツによって導き出された。

　磁場は一般には磁石によって作られるというイメージがあるかもしれないが、むしろ電流によって作られる場合のほうが多い（右の図）。人類が安定した磁場を発生させることができるような安定した電流を作れる技術を手にしたのはほんの200年ほど前のことで、それまでは磁石が磁場の主な発生源であった。

　電流が流れると、それを取り巻くようにぐるっと磁場が発生する。磁場の回転の向きは電子の移動方向に対して右図のようになる。磁場の回転の向きは、「電流の流れる向きに右ねじを巻きこむ場合のネジの回転方向」と定義されているが、例によって電流の向きと電子の流れる向きが反対なのでわかりにくい。

　大きな静電気力を発生させるには大量の正電荷か負電

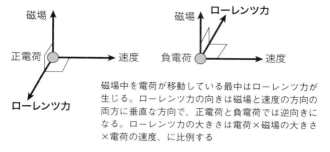

磁場中を電荷が移動している最中はローレンツ力が生じる。ローレンツ力の向きは磁場と速度の方向の両方に垂直な方向で、正電荷と負電荷では逆向きになる。ローレンツ力の大きさは電荷×磁場の大きさ×電荷の速度、に比例する

電流の向きと電子の流れる向きは逆であることに注意

大きな電場を得るには1ヵ所にたくさんの正電荷か負電荷を集めなくてはならないが、その場合、逆符号の電荷を強い力で引きつけることになり、電気的に中性になってしまうので、大きな電場は作りにくい。一方、磁場は、電流が大きければ大きいほど、大きくなる。正電荷と負電荷が等量ある中性な状態でも、負電荷だけが動くことで電流は発生できるので、強い磁場を作ることは強い電場を作ることに比べたらはるかに容易である。磁場は電子（負電荷）の流れを取り巻くように図の方向に発生する。

荷を1ヵ所に集めなくてはならないが、正電荷と負電荷は強く引きあうので、何もしなければ大量の正電荷か負電荷を集めた時点で、周囲から逆符号の電荷が引き寄せられて電荷を中性にしてしまう。これを遮蔽するのは簡単じゃないので大きな静電気力を作り出すのも簡単ではない。それに比べると、ローレンツ力は電流を大きくすればいいだけなので、はるかに大きな力を作り出しやすい。結果、静電気力に比べるとローレンツ力は我々の日常にありふれたものになる。

ローレンツ力の身近な実用例「モーター」

　ローレンツ力を使っているもので、我々の日常のいたるところにあるものと言えば、それはモーターだろう。

　モーターは、電流が磁場から受けるローレンツ力を利用して歯車や車輪などを回転させる機構だ。ループを回転させるしくみは非常に単純だ。

　直流モーターを例に説明しよう。磁石の間に挟み込むようにコイルを配置し、ここに電流を流す。これにより、コイルを回転させる力が生じる。

　コイルを動かす駆動力となるのが、電流を流すことで磁場から生じるローレンツ力である。中学生のときに習った「フレミングの左手の法則」を思い出してほしい。

　イラストのように、左手の３本の指を使って、力・磁場・電流の方向を指すようにする。磁場の向きが人差し指、電流の向きが中指、親指が力の向きとなる。イラストのように磁場と電流が直角に交わっていると、親指の方向に力が発生する。下の「直流モーター」のイラストでは、Ｎ極は下方向に力が働き、Ｓ極は上方向に力が働く。これによりコイルが反時計回りに回転する。

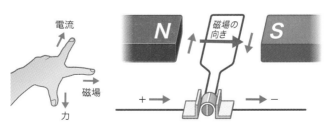

直流モーターのしくみ

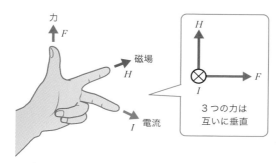

力 *F*

磁場 *H*

電流 *I*

H

⊗
I

F

３つの力は
互いに垂直

フレミングの左手の法則

　ただし、コイルが左下の図の状態から反時計回りに
90度回転すると、そのままの状態では、コイルに流れ
る電流の向きが反対になるので、磁場から生じるローレ
ンツ力が逆向きになり、コイルが時計回りに回転するの
で、元の状態に戻ってしまう。扇風機でいえば、羽根が
右に回ったと思ったら、今度は左に回るような状態だ。
歯車や車輪を回転させるためには、ループが一方向に回
転し続ける必要があるので、これは具合が悪い。

　これを解決するのが整流子とブラシというしくみだ。
整流子は下のイラストのように、隙間をあえて作ること

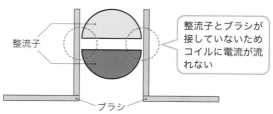

整流子

ブラシ

整流子とブラシが
接していないため
コイルに電流が流
れない

整流子とブラシ

で、回転した際に、整流子とブラシが接しない瞬間が生じるようになっている。この際、コイルを回すローレンツ力は一瞬消えるが、慣性でコイルは回り続ける。再び、整流子がブラシに接すると、前と同じ向きに電流が流れるので、引き続き同じ向きにローレンツ力が働き、コイルは同じ方向に回り続けるというわけだ。

モーターの基本原理は発明当時から変わらない

　ローレンツ力を使ってループを回転させるというこのモーターのしくみは非常に単純、かつ、効率的で、基本的に発明されたときから変わっていない。

　その点、長い間改良を続けてきたエンジン（内燃機関）とは対照的だ。電線で電流を供給すればいい軌道車（レールを走る小型車両）については、はるか昔にエンジンはモーターにとって代わられたが（ディーゼル機関はほぼすべて電車に置き換えられた）、電線に沿って走るわけにはいかない自動車の場合、電力供給の問題から長いこと電気自動車はエンジン駆動の自動車に勝てなかった。

　それが、効率的な蓄電池の登場で、とうとう自動車でもモーターがエンジンにとって代わろうとしているのは周知のとおりだ（いわゆるEVブーム）。

　モーターはありとあらゆる家電製品や産業機械に組み込まれているが、ローレンツ力の応用例は、モーター以外には思いのほか少ない。その数少ない例外をいくつか紹介しよう。

　レールガンは、ローレンツ力を用いた最新のハイテク技術だ。火薬を使わずに電磁力の原理で弾を高速で撃

防衛装備庁が試作したレールガン（防衛装備庁）

つ。文字どおり、電気を通しやすい素材で作ったレールの間に弾を置き、電流と磁場を発生させて射出する。

　これまで兵器マニアなど一部にしかわからない言葉だったが、『とある科学の超電磁砲』という漫画・アニメが大ヒットしたので、この言葉を聞いたことがある若い人も増えたのではないだろうか。

　エンジンよりも構造ははるかに簡単なのに、実用化されていないのはやはり電力供給に問題があるからだ。

　レールガンは物体を発射する装置だが、いちばんの応用は銃器だろう。だが、銃器は野外の、電力供給が難しい環境でも使えなくてはならず、効率のよい電池がない場合、火薬で弾丸を発射する銃器に可搬性や連射性能で劣ってしまう。

　据え付け型の大砲などの場合、電力供給の問題は軽減

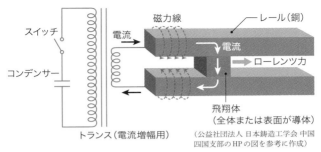

（公益社団法人 日本鋳造工学会 中国
四国支部のHPの図を参考に作成）

レールガンの原理
火薬で弾丸を打ち出す場合は、数km／秒が限度とされている。これは
火薬の爆発エネルギーの大半は気体を膨張させることに使われてしまう
ので、実際に弾丸の運動エネルギーに変換されるのはそのごく一部にと
どまるためだ。これに対して、レールガンでは、充電されたコンデンサ
ーから、瞬間的に大電流が流れて、強い磁場が生まれ、発生したローレ
ンツ力がほとんど全部、弾丸の運動エネルギーに変換されるため、超高
速で飛翔体を射出できる。トランス（変圧器）で電流を増幅できる理由は
154ページの図を参照。電流の周囲に発生する磁場の方向は96ページ
の下の図を参照

　するとはいうものの、既存の大砲と同等以上の威力を持
たせる場合、大電流の供給が問題になる。レールガンを
遠征軍に同行させても、敵地に攻め入った先に電源があ
るとは限らないし、一方、守備側の要塞にレールガンを
装備する場合にせよ、包囲されれば真っ先に外部からの
電力供給は断たれるだろう。

　こうしたデメリットに目をつぶることのできる、大砲
でも出せないような大出力（たとえば、宇宙空間に届くとか）
が要求され、技術的な難易度が格段に上がってしまっ
て、まだレールガンは実用に供されていない。それで
も、僕らの子孫はレールガンで宇宙船が地球外の空間に
打ち出されるのをきっといつか目にするに違いない。

レールガンは実用化されていない技術だが、ほぼ同じようなしくみですでに開発が進んでいるものとしてはリニアモーターカーがある。レールガンはローレンツ力で物体を直線的に動かす技術なのだから、そのまま列車の動力に使えるのは明らかだろう。

　すでに鉄製の車輪とレールで走る列車という優れた技術があるのに、リニアモーターカーを開発するのにはひとつ理由がある。それは、ローレンツ力を使って加速して推進するというのとは別に磁気浮上を併用するためだ。

　超伝導体といって、電気抵抗がゼロの物質がある。この物質は内部に磁場の侵入を許さないという性質（完全反磁性）を持っているので、磁場中に置くと反発して浮き上がる。ローレンツ力を発生させるためにもともと磁場はあるわけで、それは進行方向に垂直なので、ついでに強力な超伝導体を仕込んでおけば、物体を浮き上がらせることもできる。

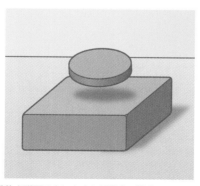

超伝導体を磁石の上におくと反発力が発生して浮き上がる

車体を浮き上がらせることができれば、摩擦を減らすことができるので、さらに速い速度で走行する可能性が開ける。実際、世界最高速の営業運転列車は中国のリニアモーターカーである（時速430km）。もっとも、軽減されるのはあくまで車輪の転がり抵抗とかで、もっとも大きな問題である空気抵抗は変わらないので、そこまで劇的な進歩はない（日本の新幹線でも時速320kmの営業速度を達成している）。ちなみにこの中国のリニアモーターカーは路線全長が30kmしかないため最高速度に達したらすぐ減速しないといけないという残念な結果になっている。30kmを仮に時速430kmで駆け抜けたら、5分弱しかかからないうえに加減速にある程度時間がかかるからだ。ぜひ、路線を延長してもらって最高時速を満喫できるようになってほしいものだ。

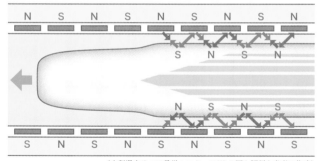

（山梨県立リニア見学センターのHPの図と解説を参考に作成）

リニアモーターカー推進の原理

車両の超電導磁石はN極、S極が交互に配置され、地上の推進コイルに電流を流すことにより発生する磁場（N極・S極）との間で、N極とS極の引きあう力とN極どうし・S極どうしの反発する力により車両が前進する

リニアモーターカーの推進力は、Ｎ極とＳ極を交互に並べた板をわずかにずらして置くことで発生させる。ＮとＳが引きあい、ＮとＮ、ＳとＳは反発するので、ちょうどＮのところにＳが来るように置かれていない限り、板はどっちかに「動く」。どっちかに動くだけでは、ＮとＳが揃った時点で止まってしまうので永続的な推進力になりえないが、どっちか片一方を電磁石にしておき、ＮとＳが揃ったタイミングで電磁石のほうのＮ極とＳ極を逆転させれば、瞬時にＮとＮ、ＳとＳが向きあう配置になってまた動き始める。この「電磁石のほうのＮとＳの交換」をうまいタイミング（電磁石のＮと永久磁石のＳ、電磁石のＳと永久磁石のＮが揃った瞬間）に行えば、永続的な推進力が得られる道理になる。

　リニアモーターカーであるためには、推進に磁気を使えばいいだけで、浮かすことは必須ではない。したがって、車輪走行のリニアモーターカーというのは当然ありうる。日本には磁気浮上方式のリニアモーターカーは愛知県のリニモ（営業キロ数8.9km）だけだが、車輪走行方式のリニアモーターカーは技術的な達成要件が低いこともありたくさんある。首都圏で営業運転している地下鉄の中にももう何十年も前から運行している車輪式リニアモーターカーは存在する。

　大量の正電荷か負電荷を１ヵ所に集めないと使えない静電気力と異なり、電流と磁場さえあれば使うことができるローレンツ力は大きな応用可能性を秘めている。いまのところ、モーターを除けば、ローレンツ力を利用した実用的な応用は少ないが今後増えてこないとも限らない。

Chapter 14

テスラとエジソン　電流戦争の死闘
（直流と交流）

　テスラといえば、いまやイーロン・マスク率いる世界最大級の電気自動車メーカーとして名を馳せているが、その社名は、ニコラ・テスラ（1856～1943年）という発明家の名前に由来する。

　このテスラという人物、知名度こそエジソンに大きく劣るものの、発電機の規格をめぐって、「電流戦争」と呼ばれる〝死闘〟を演じ、最終的に勝利した伝説の発明家である（もっとも〝死闘〟といってもあくまで技術的な面での闘いではあるが……）。

　白熱電球を発明したエジソンが推進したのが「直流発電機」であるのに対して、テスラが推進したのが「交流発電機」であった。

　ご存じのとおり、「直流」は流れる向きが一定の電流であり、「交流」は流れる向きが周期的に逆転する電流のことである。

　実は、テスラは、エジソンが経営する電灯会社に技術者として入社したものの、直流発電機を推進するエジソンに対し

交流発電機を考案したテスラ

て、交流発電機の優位性を主張して、真っ向から対立、数ヵ月で失職する憂き目に遭う。失意のテスラを救ったのは、エジソンと対立関係にあった電力会社ウェスティングハウスだった。同社はテスラの交流発電機の特許を使って、電力事業を展開。このことが、エジソンを激怒させて、「電流戦争」と呼ばれる〝死闘〟が繰り広げられることになる。

　エジソンは、直流電流の優位性をアピールするため、交流電流は危険だとネガティブキャンペーンを実施。それは、交流発電機を用いた死刑用の電気椅子を採用するよう働きかけるなど、常軌を逸したものだった。これに対してテスラも100万ボルトの交流を自身の体に通すという過激なパフォーマンスで対抗した。両者の闘いは長きにわたったが、最終的に、テスラの交流発電機が席巻して、エジソンは一敗地にまみれることになる。

直流発電機 vs.交流発電機

　なぜ「電流戦争」で、直流陣営は交流陣営に敗北することになったのか。物理の視点からこの問題を考えてみよう。

　最初に発電機のしくみを説明する。発電機では、電磁誘導という物理現象を使って電気を作り出す。電磁誘導とは、金属の近くで磁石を動かすと、電流が流れて、磁石の動きを打ち消そうとする力が働く現象のことをいう。たとえば、次の図のように磁石をコイルに近づけると、それに反発するコイルの磁場が発生して、誘導電流が流れる。一方、磁石を遠ざけると、磁石を引きつける

電磁誘導のしくみ

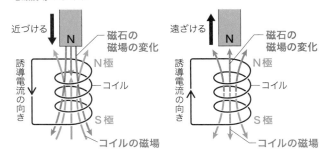

コイルの磁場が発生して、先ほどとは逆向きの誘導電流が流れる（ただし、「磁石の磁場の向き」自体は遠ざけるときも近づけるときも同じなのでご注意いただきたい）。

　円環（リング）状に誘導電流が流れると次の図のような向きに電流を取り巻くように磁場が発生する。円環の中心部ではそれらが同じ向きになるので、強め合って大きな上向きの磁場が発生する。

　意外に思われるかもしれないが、モーターと発電機に構造上の大きな違いはない。磁場の中で電流を流してコイルを回転させるのがモーターなら、コイルのほうは動かさずに磁場のほうを回転させて電流を発生させるのが発電機、というだけだ。

　発電機において、誘導電流を継続して流すためには、磁石とコイルの距離がたえず変わらなければならない。右ページ下の図でいえば、磁石を近づけたり、遠ざけたりする必要がある。磁石の動きを止めてしまうと、誘導電流の流れが止まってしまうので、発電機の用をなさなくなってしまう。

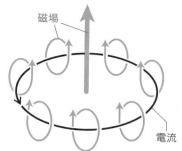

磁場

電流

「電磁誘導のしくみ」の図でコイルを構成する円環電流の中央に「コイルの磁場（赤い矢印）」が発生するしくみ

電流をリング状にすると電流の周りに図のような磁場ができ、それらの足し合わせで中央に上向きの強い磁場ができる

モーターとして使用

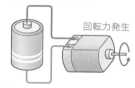

回転力発生

電圧をかけるとモーターが回る

発電機として使用

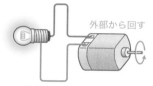

外部から回す

外部からモーターを回すと電圧が発生する

モーターと発電機には構造上の大きな違いはない

　この図では、コイルを固定し、磁石を動かすことで、誘導電流を作り出しているが、これと反対のやり方も可能だ。磁石を固定しておき、コイルのほうを動かすというやり方だ。

　エジソンが開発した直流発電機は、後者の「磁石を固定して、コイルを回転させる」（次の図左）という方式を採用した。こ

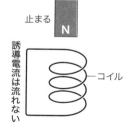

止まる

N

誘導電流は流れない

コイル

磁石の動きが止まると、誘導電流は流れなくなってしまう

れに対して、テスラが開発した交流発電機は、前者の
「コイルを固定して、磁石を回転させる」（次の図右）とい
うエジソンとは逆張りのアプローチを採用した。

　テスラの交流発電機の原理を簡単に説明しよう。コイ
ル（ループ）の間で磁石を回転させると、ループを貫く正
（N極）磁場が増える期間と負（S極）磁場が増える期間
が交互に現れる。ただし、この場合、電流の向きは交互

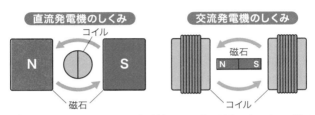

固定した磁石の間でコイルを回転（左）させても、固定したコイルの間で
磁石を回転（右）させても発電は可能である

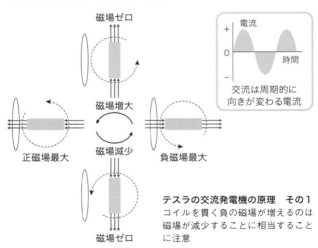

テスラの交流発電機の原理　その1
コイルを貫く負の磁場が増えるのは
磁場が減少することに相当すること
に注意

に反転するので、直流ではなく交流が流れることになる。

　エジソンの直流発電機では、電流の向きは変わらないが、ループとモーターをつなぐ回路の間に接触点を作らねばならず、ここで火花が散ったり電力が失われたりするなど工学的に不安定になる欠点があった。

　一方で、テスラの交流発電機にも克服しなければならない課題があった。交流は、電流・電圧が周期的に変わるため、扱いが難しく、装置の小型化も難しかった。そのため初期の発電機はすべて「直流」だった。しかし、テスラは、交流回路を２つ以上組み合わせることで滑らかに回転する「誘導電動機の原理（回転磁場）」を考案し、これに基づく二相交流モーターを設計した。

　前述したように、エジソンが開発した直流発電機は、

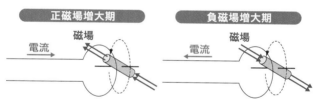

テスラの交流発電機の原理　その２
正磁場増大期と負磁場増大期では電流の向きが逆になる

**エジソンの
直流発電機の原理**
直流発電機では、整流子とブラシがあることで、つねに一定方向の電流を流すことができる

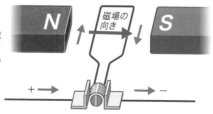

構造上の問題から送電ロスが大きかった。繰り返し説明しているとおり、直流電流を得るためには、ループと回路をつなぐ接触点を作らないといけない。ところが、この接触点で、モーターの回転が速くなり、火花が散り、せっかく作った電気が失われてしまうのだ。

また、エジソンが考案した直流方式の送電システムでは、送電ロスのため短い距離でしか送電できず、大量の発電施設が必要になるという重大な欠点があった。いくら発電機が高性能でも、発電所から遠く離れた地点まで電気を送ることができなければ、事業として成立しない。

広大なアメリカ大陸にあまねく電気を送電するうえで、これは致命的な欠陥となった。直流方式の送電システムが、送電効率に優れた交流方式に次々にドミノ倒しのように切り替わっていくのは、科学技術的には必然的な動きだったといえるだろう。

しかしながら、「科学者＜技術者＜実業家」であるエジソンには、その流れを読みきれなかった。彼ほどの発明家であれば、直流方式の限界に思いが至らなかったとは考えにくいが、いったん導入した直流方式から交流方式への切り替えは、実業家としても、発明家のプライドとしても許容できなかったのかもしれない。

前述したように、テスラは、エジソンの経営する電灯会社に技術者として採用され、交流方式の採用をエジソンに強く求めていた。結果論だが、エジソンが若き天才テスラの意見を取り入れていれば、草創期にあった発電事業を総取りできた可能性があった。

しかし、エジソンは、交流方式の死刑用電気椅子を開

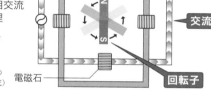

２つの交流を組み合わせることで滑らかに回転する二相交流モーターの原理

⊘ は交流の記号

（中部原子力懇談会のHPの図を参考に作成）

交流 1

交流 2

電磁石

回転子

テスラが考案した二相交流モーターとその原理
交流1と交流2は、二相交流発電機で作られたものなら自然に位相がずれている（一方が増大するときにはもう一方は減少している）のでこれらの電流によって作られている電磁石が作る磁場の位相も同じようにずれている。この結果、中央の棒磁石が向いているほうのコイルだけが磁場を作るということが可能になり棒磁石をスムーズに回すことができる。発電機とモーターが同じ構造だった直流の場合と同じく、磁石のほうを回転させればそのまま交流発電機として使用できる

発するような泥沼の「電流戦争」を仕掛け、あえなく敗戦する羽目になる。結局、この失敗が仇となり、エジソンは、みずから創業したエジソン・ゼネラル・エレクトリック・カンパニーの大株主から愛想を尽かされて、社長の座を失い、社名から「エジソン」の名前を消される

という屈辱を味わう羽目になる。その後、ゼネラル・エレクトリック（GE社）が、電機、航空機エンジン、医療機器、鉄道、金融など幅広い事業を手掛ける世界有数のコングロマリットに成長したのはご存じのとおりだ。エジソンが逃した魚は大きかった。

使い勝手がよい交流方式

エジソンが推進した直流方式の敗因について、もう少し考えてみよう。

電力は高電圧で送ったほうが損失が少ない。高電圧で送ったほうが電流が低くなり、送電線での発熱が抑えられるためだ（Chapter 17「ジュールの法則」参照）。

白熱電球の場合は発熱は多いほうが明るくなるので電流が高いほうが都合がいい。しかし、導線で遠方に電気を送ることを考えると、途中で発熱で失われるエネルギーが少ないほうがよいので、電流は低いほうがいい。

では送電において、電流を低くするにはどうしたらいいのか。遠方まで電気を送る場合、導線の長さが決まっているから、電気抵抗は決まっている。となれば、できることといえば、電圧と電流の調整だ。発電機が生み出す電力は以下の式で表すことができる。

電力（ワット）＝ 電流（アンペア）× 電圧（ボルト）

電流と電圧の組み合わせは無数にあるが、エネルギー保存則に支配されるので、電圧が変わっても電流と電圧の積は変わらない。つまり、高電圧にすれば、電流は小

さくなるので、電気抵抗で熱になって失われてしまうエネルギーは減る。これが高電圧のほうが失われるエネルギーが少ない理由である。

エジソンの直流方式が短期間に駆逐された背景には、交流方式が直流方式に比べて送電ロスが少ないことに加えて、電圧の変換が容易であるという長所があった。というのも、工場ならいざ知らず、家庭や事業所などで、実際に電気を使うときには電圧を下げないと危険極まりない。すなわち「使うときは低電圧、送るときは高電圧」にする必要がある。

これを実現するためには電圧の高さを制御する、いわゆる変圧作業が必要だが、当時の技術では、直流電流の変圧は難しかった。なぜなら変動しない直流電流では、変動しない磁場しか作れない。当然のことながら、変動しない磁場では電流が流れない。

一方、交流電流は、何もしなくとも、電流の高さや向きが変動するので、変動磁場を簡単に作り出すことができる。変動磁場は変動電流を作るので、

交流電流 → 変動磁場 → 変動電流

という形で簡単に電圧を変換できたからだ。これが、電圧を制御する変圧器の原理である。

この変圧器の原理（次の図）はいまでも普通に使われている。ブラウン管や白熱電球、電話といった昔の技術がいまでは表示装置、照明、音声通話というそれぞれの技術分野で使われないか、主役の座を失ってしまったのに比べると、テスラが考案した、交流発電→変圧器→交

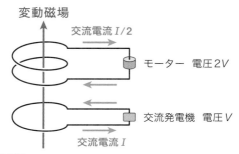

変動磁場

交流電流 $I/2$

モーター　電圧 $2V$

交流発電機　電圧 V

交流電流 I

変圧器の原理
ループに電圧 V の交流発電機で作った交流電流 I を流すと変動磁場が生じる。これを二重ループに通す。磁場を打ち消す方向に電流が発生するが、円電流の大きさと磁場の大きさは1対1対応なので、二重巻きにしたらループ1個当たりの変動電流は半分になる。電力は電流と電圧の積で与えられ、電力はエネルギー保存則から等しくなくてはならないので電圧は2倍になる

流送電→変圧器→モーターという枠組みはいまでも第一線で健在である。

　これまで、発明家というと、白熱電球や映画を生み出したエジソン、電話を作ったベルなどのほうが圧倒的に知名度が高かったが、近年、ニコラ・テスラへの注目度が急激に高まっている。伝記映画が作られたり、テスラが魔法的な科学のブレイクスルーを果たしていたという設定のフィクションが創作されたりするのもうなずける。

　テスラがマンハッタンのニューヨーカー・ホテルで孤独に世を去ってから、およそ80年という時間が流れて初めて、誰がいちばんすごい発明家だったかようやくわかる、これが現実なのだ。

交流はエネルギーを運んでいるのか？

　直流と交流の説明をするとたまにこんな質問をされる。「交流って電荷が行ったり来たりしているだけで電荷は結局平均すると移動していないんだから、電流は流れていないのと同じ。だから電力も供給できてないんじゃないですか？」

　なんとなくそう言われるともっともらしい気持ちになる。確かに交流では電荷は行ったり来たりするだけだからエネルギーも運べていない気がする。でも、我々が家庭で給電されている電力は交流である。別に問題なく電気製品を使っているのはなぜだろう？　それはこんなふうに考えるとわかりやすい。

　まず、電池が逆向きに接続されている2つの直流回路を考えよう。

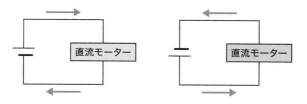

　この2つの直流回路で電流の向きはあべこべである。回路の反対側には直流モーターがつながっているとする。モーターの回転方向は逆であるが電力の供給は明らかにできている。

　ここで交流回路を考えると結局はこの2つの直流回路を交互に実現しているだけである。もちろん電流の向きが切り替わるときにいきなり逆向きにはできないから、

交流の場合にはいったんゼロにしてから逆向きの電流を増やしていくわけではあるが、電流の大きさが時々刻々変わっていることを除けば、交流回路はこの2つの直流回路を行ったり来たりしているだけなので電力供給は行われているのである。

　仮にこれが電流じゃなく水を流して水車を回すしくみの機械だとしても、右と左では水車の回転の向きが逆になるだけで水車が仕事をしていることに変わりはないだろう。

　そして交流モーターの場合、振動する電流でも一方向に回るようにちゃんと設計されているのはすでに説明したとおりであり何の問題もない。

　このことから電流で電荷が移動することが電力供給の本質だと思うと足をすくわれることに気づくだろう。水を流して水車を回すときに、別に水は循環系でも問題ないのと同じように、電荷が運動していることが本質なのであり、電源から電力の供給先に電荷がエネルギーを運んでいるというイメージは必ずしも正しくないことに注意されたし。

コラム｜意外に多い変動磁場の応用事例

　余談となるが、ループ内に変動する磁場が発生すると電流が流れる、という性質は我々の日常でいろいろ使われている。たとえば、電磁調理器。あれは鍋の底にたくさんループを埋め込んでおき、そこに外部から変動磁場を起こして電流を発生させる。発生した電流からはジュールの法則（後述、Chapter 17）で熱が発生する。この熱

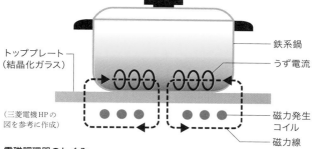

トッププレート
（結晶化ガラス）

鉄系鍋

うず電流

（三菱電機HPの
図を参考に作成）

磁力発生
コイル

磁力線

電磁調理器のしくみ
磁力線が鍋の底部（意図的に厚めの金属が使われていることが多い）を流れると、誘導起電力が発生して鍋の底面に電流が流れる。この電流が電気抵抗を通じて熱になることで鍋が加熱される。静的な（一定の値の）磁場では誘導起電力は発生しないが、現在の家庭用の電力は普通交流なので何もしなくても磁場は変動する。それに伴って電流の向きも振動するがどっち向きでも熱は発生するので問題はない

を使ったのが電磁調理器である。

　もうちょっとマイナーな例では、自動販売機でコインの判別機にも使われている。その原理はきわめて簡単である。傾斜をつけた溝の中にコインを転がして落とす。途中に磁石を仕込んでおくとそこにコインが差し掛かったところで「ループの中の磁場が変動」に相当する状態になって電流が流れるが、今度はその電流と磁場が相互作用してローレンツ力が発生し、コインの転がる速度が変化する。

　どんな電流が生じるかはコインの材質や大きさで変わるので、溝の末端まで転がったときの最終的な速度は、コインの材質や大きさで変わる。これをうまく使えば同じコインをいつも同じ場所に落ちるようにすることができる。あとは落ちた先にコップでも置いておけばコイン

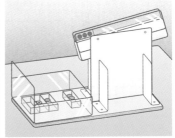

簡易コイン判別機
両側に磁石を貼り付けた溝の上端からコインを転がすと、コインの種類によって溝の末端まで来たときの速度が異なる（左）。異なった速度で溝の末端から飛び出したコインは着地する場所も異なるので、同じ種類のコインが落下する場所ごとに箱を置いておけば、コインの判別が可能になる（右）

判別機ができあがる。

　もっとずっとわかりにくい応用事例としてはSuicaなどの非接触型ICカードがある。磁気記憶装置などとちがい、ICカードは小型のコンピュータなので動かすのに動力が必要である。この動力はICカードに仕込まれたループに外から変動磁場を与えることで実現されている。

　この「ループに変動磁場を発生させると電流が流れる」という現象は、前述したように「誘導起電力」と呼ばれている。しかし、これはかなり誤解を招きやすい表現だと思う。ここで「起電力」という言葉が本来意味しているのは「電圧」ということである。

　電圧だから回路上の2点間の差でなくてはならない。だがそれはどことどこなのか？　その答えは「どこでも」ということになってしまう。「ループに変動磁場を発生させると電流が流れる」の場合、決まっているのは

向きだけなので「どことどこの間の電圧」という言い方ができない。そうなると「どの2点間でも電圧がある」ことになってしまい「ずっと上り階段をあがっていたはずなのに元に戻ってしまった」というエッシャーのだまし絵みたいな話になってしまう。

なので「ループに変動磁場を発生させると電流が流れる」を「誘導起電力」と呼ぶのは混乱を招くのでやめて、単に誘導電場と呼ぶにとどめたほうがいいだろう。変動磁場の結果実際に生じているのは電場であり、電位差は電場のせいで見た目上生じているだけなのだから。

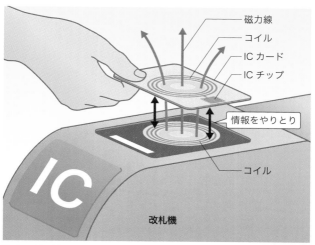

ICカードの原理
読み取り機にICカードを近づけると、ICカードの内部のコイルを貫く磁場が変化するので誘導電場が発生する。その大きさはわずかだが、ICカードに仕込まれた小さくて単純な電子回路を稼働させるには十分なので、読み取り機はカードが発信した微弱な電波信号を読み取ることで、カードの残高、定期券の区間、有効期限の日付などの情報を読み取る

電磁気学と熱力学のあいだ

　変動電流は変動磁場を作り、変動磁場が変動電流を作っていた。だが、実際のところ、電流を流しているのは電場である。このため、電流が変動しなくても電場が変動しただけで変動磁場はできる。するとおもしろいことが起きる。変動電場が変動磁場を作り、変動磁場が変動電場を作るなら、交互に変動電場と変動磁場を作り続けることができるのではないか？

　実際のところこれは正しい。そしてこれこそが、電磁波の本質である。波は一般になんらかの媒質がなければ伝わることができない。だから、長い間、宇宙はエーテルという不可視の流体に満たされていて、電磁波はその中を伝わる波だと思われていたが、いまではこれは間違いだとわかっている。

　電磁波は何もない空間を、媒質なしに波として伝わる

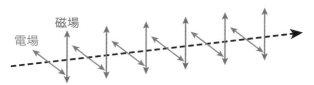

磁場
電場

変動する磁場と電場が交互に宇宙空間を伝わっていくのが電磁波。電場の方向と磁場の方向は直交しているので、電磁波は互いに直交している横波の組み合わせということになる。電場と磁場が直交しているのはたとえば、モーターを考えた場合、コイルの中央を貫く磁場の方向とコイルを流れる電場の方向が直交していたことを思い出すとわかるだろう。電流は負電荷に電場が働いて動いて生じた電荷の流れであり電流の向きと電場の向きは同じだと思ってよい

ことができる。光もまた電磁波なので、遠い宇宙の彼方から星の光は、我々人類が住んでいる地球まで、何もない空間を伝わって、広大な距離と時間を乗り越えて、到達することができるのである。

いわゆる電波と光はずいぶん違うように見えるかもしれないが、周波数の高い電波が光なのである。にもかかわらず、光が電磁波のように思えないのは、ひとつは人間の工学技術では光（可視光）に相当するような高周波数の電磁波を作るのは難しいということ、また、周波数の高い波ほど直進性が高いため、光はまっすぐ進むように見えるが、ラジオ波などはビルの陰などの電波の届きにくい場所にも曲がって到達するなどの違いがあるからである。

電磁波の波動としての側面については「第4部　波動編」で語ったほうがわかりやすいので、それはおいておくとして、それ以外で、電磁波について触れておくことが何かあるだろうか。

それはまずは電磁波はエネルギーの運び手だ、ということだ。熱とは何かということは「第3部　熱力学編」で語るはずなのでこれもちょっとフライングぎみの話になってしまうのだが、電磁波は熱を運んでいる。

ストーブなどに手をかざすと暖かく感じられるのは、ストーブから発生した電磁波が手に当たって熱を発生させているからである。熱が電磁波なんておかしいと思うかもしれないが、いわゆる放射熱といわれるものの正体は電磁波である。色でいうと、赤よりももっと波長が長い（周波数の低い）電磁波が該当し、「赤色の外」という意味で赤外線と呼ばれている。

文字どおり、赤外線だから可視光じゃないので見えない。だが、有限の温度を持っている物体はみな赤外線という名の電磁波を発生している。人間も例外ではない。暗闇でも人間が見える赤外線カメラの原理は、周囲の気温に比べて高温の人間の体温が、周囲に比べてたくさん赤外線という名の電磁波を放出しているからである。ちなみに、夜、小型哺乳類を狩猟するのが主な目的であるヘビは、夜間でも哺乳類を見ることができるように赤外線を「見る」器官を目とは別に持っている。

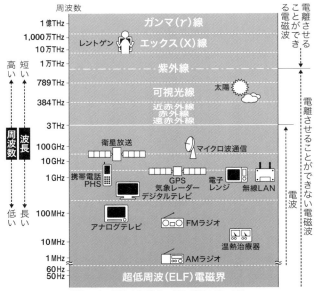

$1\mathrm{T}(テラ)=10^{12}\quad 1\mathrm{G}(ギガ)=10^{9}\quad 1\mathrm{M}(メガ)=10^{6}$

（一社 電波産業会 電磁環境委員会のHPの図を参考に作成）

電磁波の周波数による分類
ラジオの電波からガンマ線のような放射線まで全部電磁波である

温度が有限のものはみな電磁波を放出しているというと奇異な感じがするかもしれないが、そもそも、夜空の星の色の違いは温度なのである。太陽は黄色だが、遠くの星はもっと白っぽいのは、遠くにあるのに地球まで届くほどの強い電磁波（＝光）を出すような恒星は、太陽よりずっとエネルギーが大きい＝高温だからだ。ガスバーナーも温度が低いときは炎が赤っぽいが、空気を取り込んで完全燃焼し、温度が高くなると青っぽくなる。

　だから、もし、人間に赤外線が見えたら、コロナ対策で導入されている入り口での検温なんて要らなかった。文字どおり「顔色を見るだけで」熱があるかどうかわかるんだから。

　電磁波がエネルギーを運ぶほかの例としては、レーザー兵器があるだろう。SFやアニメでよく出てくるレーザー光線は実在し、レーザー兵器として実際に開発が試み

米海軍が配備したレーザー砲（アフロ）

られている。電磁波（＝光）が大きなエネルギーを伝達できるからこそ、レーザー兵器の開発が可能なのである。

テスラでも実現できなかった夢は実現するか

　電磁波でエネルギーを送るというアイディアは宇宙空間での太陽光発電にも使えると考えられている。太陽光発電の大きな問題点は曇ると発電できない、夜は発電できない、であるが、少なくとも前者については宇宙空間で発電すれば問題ない。

　問題は宇宙で発電してどうやって地上に送電するかだが、理論的には、電磁波にして送って地上の受信施設で受け取ればケーブルなしで送電が可能なのである。これも電磁波がエネルギーを伝達できるからできること。

　一度は交流電力システムで名を馳せたテスラはその余勢を駆って無線電力を普及させようと試みた。まさに、マイクロ波やレーザー波のように電磁波でエネルギーを送るという考え方だ。だが、テスラはこの事業に失敗し、一気に名声を失うことになる。

　稀代の天才テスラでさえ成しえなかった無線電力、ひいてはマイクロ波やレーザー波の欠点はなんだろう。最大の欠点は「障害物に弱い」ということだろう。この障害物は別に壁のような頑丈なものじゃなく、空気中の塵のようなものも含まれる。マイクロ波やレーザー波がこのような塵にぶつかると反射されてしまい直進できなくなってしまう。直進できなければ、標的には届かないのでその分、送電効率が落ちてしまう。

　もうひとつの問題は、仮に塵が浮く余地がない真空であっても、電磁波をまっすぐ飛ばすのは難しいというこ

とだ。電磁波は所詮波である。波である以上、池に投げ入れられた小石が作る波紋のように全方向に一様に広がりながら伝播する性質を持つ。広がってしまえばエネルギーはその分薄まってしまうので、広がらないようにする必要がある。

（京都大学のHPの図を参考に作成）

宇宙太陽光発電所のイメージ図
宇宙空間で太陽光発電し、電磁波（マイクロ波）で地上に送る

だが、考えてみてほしい。池に小石を投げ入れてできる波紋を広がらないようにまっすぐ進ませることができるだろうか。それがとても難しいのは明らかだろう。そういう意味ではそもそも無線電力は難しい技術であり、マイクロ波やレーザー波を使うことなどとうてい無理だったテスラの時代には成功しようがない夢物語だったと言っても過言ではない。

　天才テスラですらもできなかった「電磁波を用いたエネルギー伝搬システム」だが、実は私たちの家庭にはその輝かしい成功例がある。「電子レンジ」である。

　電子レンジはまさに電磁波でものを熱するシステムなので、電磁波がエネルギーを運べるという性質を使った加熱器である。ただ、単に電磁波で加熱するというならストーブから放射熱で加熱するのと電子レンジは同じになってしまう。

　電子レンジと放射熱（という名の電磁波）による加熱は何が違うか。簡単に説明するとこんな感じである。電子レンジの場合は、直接熱しているわけではなく、温めたいものの中にある水の分子に電磁波を当てて、その分子をくるくる回すことでエネルギーを与えている。なぜ水の分子に電磁波を当てると分子が回転するかというと、水分子は全体としては中性なのだが、分子全体をみると電荷の分布に偏りがあるので、電磁波のうちの電場がやってきたとき、回転力が発生する。

　この水分子の回転自体は熱ではないのだが、摩擦（正確には粘性）を通じて、周囲の水分子のランダムな運動になっていくので結果的に熱になる。これに対して、放射熱の場合は、直接熱になるというところが違っている

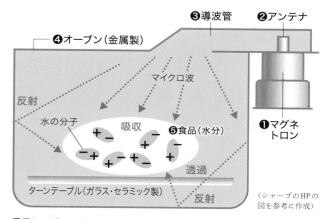

（シャープのHPの図を参考に作成）

電子レンジのしくみ
マイクロ波を発生させるために用いられる真空管デバイス「マグネトロン」のアンテナ部から電波が発信されて、導波管を通じてレンジ内部に入り、食品に直接、あるいは反射を通じて投射される。電波の大部分は食品内部の水に吸収されて、水分子の回転運動を起こし、摩擦（粘性）によって熱を生み出し、食品そのものを温める

がいずれにせよ、電磁波がエネルギーを伝えることができるからこその装置である。

　せっかく電磁波がエネルギーを伝えることができるというのに、電子レンジ以外では、なんで日常的に使われないのか。ひとつには損失が大きい、ということがある。前述したように、空気中を進むと、これは電磁波の周波数によるのだが、空気分子そのものや、空気中の塵などに反射されて目的地に着くまでに減衰してしまう。電子レンジの場合は閉じた空間を短距離送ればいいのでこの損失が問題にならないだけである。

　電磁波を信号伝達に使う場合は、弱くなったら受信側

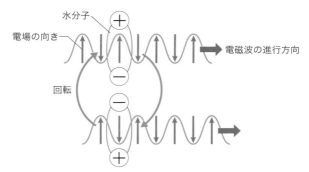

電子レンジで水分子が回転するしくみ
電磁波は電場の波なので電磁波が水分子の上を通過すると上向きの電場と下向きの電場が交互にやってくる。水分子は全体としては中性だが場所によって＋と－に分かれている（分極）ので電場の向きで反転する。ちょうどモーターの中の磁石が磁場の向きに応じて回転するのと似ていて、いわば（磁場じゃなく電場による）分子モーターのようになっている

で増幅すればいいが、エネルギー伝達が目的なら、減衰してしまっては元も子もない。

　逆に空気中の伝達なんて問題にならないくらい強力な電磁波を送ることもできるだろう。だが、そうなると今度は伝達路に迷い込んだ人や物が破壊されてしまう危険がある。このような理由があるため、電磁波でエネルギーを送るという方法は実用的ではない。

　ただ、導線の中を交流が伝わっていくというのは考えようによっては強力な電磁波を危なくないように導線の中に閉じ込めて送っていると言うこともできるだろう。交流の場合は、導線の中の負電荷（電子）は行ったり来たりするだけで、負電荷自体が送られているわけではないのだから。

第3部
熱力学編

　熱力学は電磁気学とは別の意味でわかりにくい。電磁気学のわかりにくさは、電荷や電場を実感できないことに由来するが、熱力学が扱う熱は、しっかりと体感できる。熱力学の難しさは、熱が感じられないからじゃなく実体がないからだ。

　そこで第3部では具体的な現象を説明してその裏に熱力学的な考え方がある、という筋立てにしてみた。熱力学が関係するもっとも日常的な現象として雲から始める。その次に圧力というやっぱり我々が感じることはできるが、そのしくみがよくわからないものについて、水圧を例に説明する。

　熱力学が難解と思われても致し方ない。なにしろ高名な物理学者たちも長い間「熱素」というありもしない物理量の存在を信じていたくらいだ。にもかかわらず第3部では、無謀にも、熱力学の最難関といわれる「熱力学第二法則」を現代的な視点で説明する。その醍醐味を触りだけでも感じてもらえたら望外の喜びだ。

Chapter 15

雲はなぜできるのか
（熱力学第二法則ほか）

「雲はなぜできるのか？」

　小中学生向けの科学啓蒙書には必ずといっていいほど登場する素朴な疑問である。

　雲は、大気中の水蒸気が冷却、凝結してできた、小さな水滴や氷の粒が集まって空中に浮遊しているものだ。水滴や氷の粒の直径は約0.003〜0.01mm。これはヒトの赤血球と同じくらいのサイズだが、大量に集まると、太陽の光を散乱して白く見える。これが「白い雲」の正体だ。

　大気中に浮遊する水滴や氷の粒の〝原材料〟は、大気

積乱雲
夏の暑い時期にできる日本の夏の風物詩ともいえる雲である（アフロ）

中にある水蒸気である。水蒸気を含んだ空気が冷やされると水になり、水滴や氷の粒を作る。キンキンに冷やしたビールをグラスに注ぐと、グラスの表面に水滴ができるが、これと同じ現象が大気中で起きていると考えるとわかりやすい。ビールの場合はグラスの表面に水滴ができるが、雲の場合は目に見えない小さな塵の塊が水滴の核になる。

空気が含むことのできる水蒸気には限度がある（飽和水蒸気圧、後述コラム参照）。一般に、地表や水面付近では、大気の温度が高いため、大量の水蒸気を含んでいる。こうした水蒸気を多く含んだ空気の塊が、太陽光によって暖められた地表からの熱によって上昇、その後、冷やされて、大気中に含まれる水蒸気が、水滴や氷の粒となり、雲となる。

「雲のでき方」を駆け足に説明すると、こんな感じになるが、実は一連のプロセスには、熱力学的な物理現象が満載されている。そこで、第3部の導入として「雲のでき方」を熱力学の視点で解説してみたい。

熱力学第二法則

先ほど、「こうした水蒸気を多く含んだ空気の塊が、太陽光によって暖められた地表からの熱によって上昇」と、さも当たり前のように説明したが、これができるのは、私たちの住む世界が、熱力学の根本法則で支配されているからにほかならない。

もしこれから説明する熱力学第一法則や熱力学第二法則が通用しない世界だったら、南極や北極などの極地

に、突如として灼熱の熱球が現れるような、奇妙奇天烈なことが起きてしまう。

　最初に、熱力学の根本法則のひとつである「熱力学第二法則」から説明しよう。

　熱は温度の高いほうから低いほうにしか移動しない
（逆はない！）

　熱力学の根本法則というわりに、なんだか当たり前のことを言っているように思われるかもしれないが、この当然のことが当然に起こることがたいせつなのだ。熱力学第二法則が成り立たない世界では、太陽熱で40℃に暖められた地表に、－5℃の大気から熱がどんどん移動して、数千℃になるなんて、超常現象が起きる。しかし、現実世界では、低温から高温への熱の移動は絶対に起きない。これに反する「逆の変化」を起こすためには外からエネルギーを与えなければならない。熱力学第二法則が成り立つ世界だからこそ、大地に暖められた大気塊から雲が生まれ、雨が降るという、太古から繰り返されてきた自然現象が滞りなく進むのである（熱力学第二法則については、Chapter 18で別の角度から改めて論じたい）。

シャルルの法則

「圧力が一定の場合、体積は温度に比例する」

　1787年に、フランスのシャルルが発見した、お馴染みシャルルの法則である。「圧力が同じならば、すべての気体は温度が1℃上昇するごとに、0℃の体積の一定

割合だけ体積を増加する」という気体に関する基本的法則だ。

　雲の発生では、このシャルルの法則が重要な役割を果たしている。地表面付近の大気圧は１気圧で一定のため、大地から伝わった熱で大気塊（空気の塊のこと）の温度が上昇しても、圧力は変わらない。

　一方で、シャルルの法則で、温度上昇により大気は膨張する。膨張した大気塊の密度は下がって軽くなるので、大気塊はぐんぐんと上昇を始める。

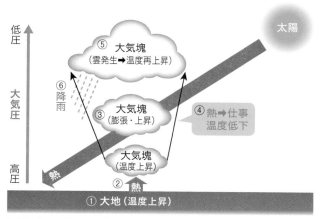

雲ができて、降雨するまで
①大地が太陽熱で暖められる（これは先に説明した電磁波が運ぶエネルギーで暖められることの一例である。ただし、透明な大気塊は太陽光を遮らないため、太陽光で暖められず温度が低い）
②大地の熱が、接する大気塊へ移動
③大気塊の温度が上昇すると、その体積が膨張。浮力が生じて、上昇する
④上空の大気圧は低いため、大気塊の体積がさらに膨張し、圧力が低下し、熱も失われる
⑤大気塊の温度が下がり、水滴や氷の粒が生まれて雲ができる
⑥水滴や氷の粒が大きくなって、支えられなくなり、降雨が始まる

上空は大気圧が低いため、大気塊の圧力は周囲の大気の圧力と同じにならねばならず、圧力を下げなくてはならない。結果、大気塊は周囲の大気を押しのけて膨張して圧力を下げるために仕事をしなくてはならず、その仕事を捻出するために熱を失うしかない。

熱力学第一法則

　ここで登場するのが熱力学第一法則だ。

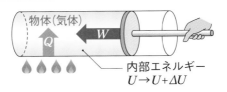

熱力学第一法則
$$\Delta U = Q + W$$

ΔU [J]　内部エネルギーの変化
Q [J]　物体に与えた熱量（heat quantity）
W [J]　物体がされた仕事（work）

物体（気体）

Q

W

内部エネルギー
$U \rightarrow U+\Delta U$

　式だけ見ても、ピンとこないだろうが、要は、熱力学第一法則は、

　　エネルギー ＝ 物体が得る熱 ＋ 物体がされる仕事

という関係が成り立つことを示している。熱と仕事は同じものであり、「熱から仕事へ」、「仕事から熱へ」変換することができ、その間においてはエネルギーが保存される。
　雲ができあがるプロセスに照らしてみると、大気塊が

上昇する間、外から加えられる熱はないので、大気塊がする仕事（W）は、大気塊から奪われる熱（Q）で代償されなくてはならない。すなわち、膨張するという仕事に相当する熱が失われることになる。そして熱を失った大気塊の温度は結果的に下がる（加熱されて温度が下がる物質、冷却されて温度が上がる物質は存在しない）。

　そして、大気塊の温度が下がると、飽和水蒸気圧も下がるので、水蒸気は、大気中の塵を核に水滴や氷の粒となり雲となる。そして、大気塊がさらに上昇するにつれて、こうした水滴や氷の粒は徐々に大きく、そして重くなり、大気塊を作り出した上昇気流では支えられなくなり、雲から地上へ向かって落下を始める。
「雲ができて、雨が降る」というたったそれだけのプロセスもこれだけの物理法則が関わっているのである。

霧はなぜできるのか

　雲ができるプロセスが理解できたところで、今度は霧ができるしくみについて思索を巡らせてみたい。

　気象学的にみると、雲と霧は同じものだと考えられている。違いは発生場所だけで、地表付近に浮かんでいるものを霧、空の高いところに浮かんでいるものを雲と呼んでいる。

　しかし両者の発生するプロセスは異なる。霧は地上で発生するものなので、上昇気流で発生するのは無理だからだ。なにしろ、霧の下には地面があるのだから、地下の巨大空間でもない限り、大気の塊が上昇することはありえない。つまり、霧は上昇して温度が下がることでで

きるわけではなく、何らかの要因で（空気の上昇とは別の理由で）空気の温度が下がることで起きる場合が多い。

　この「何らかの要因」は、夜明けの放射冷却の場合もあるし、単純に冷たい空気が流れ込んできて、温度が下がるだけの場合もある。この場合、熱力学はほとんど関係なく、大気中に含まれる水蒸気量を決める飽和水蒸気圧だけでことは済んでしまう。個人的な要望としては、このような成因でできた雲は全部霧と呼んでもらったほうがわかりやすい。温度が下がればなんでもいいのだから、上昇気流などなくても上空でも霧と同じように温度が下がっただけで雲が発生することは普通にあるのだから。

　ちなみに上昇気流でできる雲は積雲、そうじゃないものは層雲と呼んでいちおう区別はしているようである。実際のところ、雲は「層雲」「積雲」というおおざっぱ

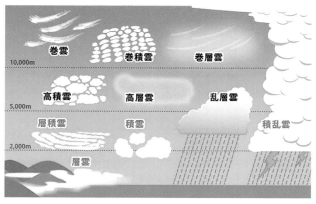

雲の種類
（tenki.jp「雲の種類（十種雲形）」https://tenki.jp/suppl/tenkijp_labo/2021/08/01/30532.html）

なくくり以外に10にも及ぶ詳細な分類がされている。

　ここまでの単純な説明で何が欠けているかというと、大気中の水蒸気の効果が抜けている。「いや、大気中の水蒸気が液化して雲ができるという説明はしてあるじゃん」と思うかもしれない。確かにそうなのだが、ここまでの説明だと大気中の水蒸気は大気の温度が上がったり下がったりすると、水蒸気になったり液体である水に戻ったりするだけで、大気に対してあくまで「受け身」の存在でしかなかった。

　だが、実際のところ、大気中の水蒸気はけっして受け身の存在ではなく、積極的に影響を与える重要なプレーヤーである。それは気化熱とか凝固熱のように、固体、液体、気体と物体が状態変化するときに吸収・放出する熱エネルギー、いわゆる「潜熱」を通じてである。

　雲が生まれるまでのプロセスの説明で、大気の温度が下がって、大気中に含まれる水蒸気が水滴や氷の粒になり、雲を形成するという趣旨の説明をしたが、その際、大気は一方的に水蒸気に影響を与えているだけではなく、潜熱を通じて水蒸気からも大きな影響を受けている。

　大気が上昇して膨張し、温度が下がって水蒸気が液化するというプロセスは、断熱膨張と呼ばれるもので、外部から熱の出入りがない状態で物体の体積が大きくなる。

　大気中の水蒸気が水滴に変わる状態変化のことを「液化」というが、液化する際には「液化熱」が放出される（液化熱は、同量の液体を気化するのに必要な熱量〈気化熱〉と等しい）。

　この液化熱によって、大気は暖められて、「湿った空気は乾燥した空気より温度が下がりにくい」という性質

を持つことになる。温度が下がりにくければ、上空に行っても暖かいままなので、上昇気流は弱まりにくく、雲の形成過程が持続しやすい。つまり、大気が湿っているか乾燥しているかの違いで、雲のできにくさは変わる。

　積雲の中でもっとも有名で巨大な積乱雲は、夏、それも真夏にできることが多いが、これは夏は気温が高い、というだけではなく、湿度が大きい、ということも大きく影響している。大気が湿っていて、かつ、強い太陽光で地面が暖められやすい真夏にこそ、強力な上昇気流が発生して巨大な積乱雲を作り出す。

　天気予報などでは、よく気象予報士が「湿った大気が流れ込んだので台風が発達した」みたいなことを何の理由の説明もなく話しているが、なぜそうなのかを理解できる視聴者は少ないだろう。

「湿った空気＝雨が降りやすい」というイメージがあるのでなんとなく納得してしまうが、本当のところは「湿った空気は上昇しても、温度が下がりにくく対流が維持されるので、強くて大きな雲ができやすい」ということなのである。熱力学がちょっとわかっているとこういうことも理解できるから楽しい。

　一方、上昇気流に依存しているゆえに短命な積乱雲に比べてもっとも上空にできる巻雲は長寿命である。これは巻雲が水の粒じゃなく、氷の粒でできているからだ。もっとも高い所にできる巻雲は、氷が発生できるほどの低温の大気の状態を維持できるので、氷の塊でできた雲になれる。

　水が存在できない低温下でも、昇華といって氷から直接水蒸気になることができるが、氷の場合の飽和水蒸気

圧は、水の場合の飽和水蒸気圧よりずっと小さい。よって、氷の粒による雲は水の粒による雲よりずっと低い湿度で発生できるのだ。つまり、とても安定した存在だというわけだ。

　そういう意味で雲は単純に熱力学の諸法則に支配されているというだけではなく、「潜熱」という高校の物理ではあまり語られない熱力学の概念を理解することが正確な理解につながる。裏返して言えば、雲の生成プロセスは、熱力学を駆使して理解するのに最適な対象なのである（ただ、現在の熱力学は対流のような動的な現象をうまく扱うことができないので、いまでも雲の生成過程は完全には理解されていない）。

コラム｜飽和水蒸気圧

　まわりくどくなるので、さらりと説明したが、「飽和水蒸気圧」について、少し補足説明をしておく。

　水を熱すれば水蒸気となって蒸発する。だが、熱しなくても大気には水が水蒸気として含まれている。放っておけば、水はその上限に達するまで大気の中への自然蒸発を続ける。この上限を飽和水蒸気圧、という。

　飽和水蒸気圧は温度が下がると減少する。大気の温度を下げると、大気の中に含まれることのできる水蒸気量の上限が下がり、溶け込んでいた水蒸気が過剰になって水に戻る。冬の朝などに結露といって窓の内側がびしょ濡れになっているのは、温度が高い室内の空気に含まれた水蒸気が、外の気温で冷やされた窓ガラスに接して温度低下する結果、水に戻って窓に付着する現象が起こる

結露でびしょ濡れになった窓ガラス (アフロ)

からである。

　なんで、大気中に含まれる水の量なのに単位が圧力なのか、というと、大気圧のうち、どれくらいが大気中に溶け込んだ水蒸気によるものかという割合が、大気中に溶け込んだ水蒸気の圧力で決まっているので「圧力」と表現されている。

　これはこんなふうに考えるとわかりやすいだろう。同じ体積の２つの容器に２種類の同温同圧の気体が入っているとする。一方の気体をもう一方の気体が入っている容器に押し込むと、当然、圧力は２倍になる。この２倍になった圧力の半分は一方の気体の寄与であり、残り半分はもう一方の気体の寄与であると考えることができる。逆に言うと、２種類の等量の気体が混じっていると、その混合気体の圧力の半分は１種類目の気体の、残り半分の圧力は、２種類目の気体の寄与だと考えること

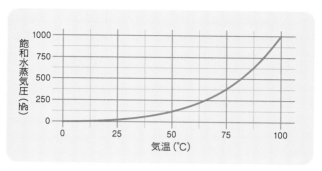

飽和水蒸気圧の温度依存性
飽和水蒸気圧（大気にどれくらいの水分が水蒸気として含まれることができるかの最大値）は気温で大きく変化するので、気温が下がった場合、入りきれなくなった水蒸気が水として出現する

　ができる。これは2種類の気体が半々でないときも成り立つ。
　たとえば、2種類の同温同圧の気体が、1対2で混じっていれば、圧力の3分の1は一方の気体で、残りの3分の2はもう一方の気体だとみなせる。このことから、気体の混合比を圧力比で表現することが一般的に行われている。

Chapter 16

深海魚はなぜ
水圧に押しつぶされないのか？
（圧力）

「圧力」というのは高校の物理の教科書ではもっぱら熱力学のところにしか登場しない物理量である。ただ、実際には圧力は「単位面積当たりの力」を意味するだけなので、力学編で頻繁に登場する力がかかっているときには、その力を面積で割ればいいので、見かけ上どこにでもありそうな気がする。

しかし、実際には熱力学で出てくる気体の圧力というのは、力学で出てくる力とはかなり違うものなのである。たとえば、熱力学でよく出てくる「一定の圧力を保ったまま、体積が増える理想気体は〈仕事＝圧力×体積の増分〉で計算される仕事を外部に対して行う」という式を考えてみよう。

仕事の計算に際して問題になるのは体積の増分に関係している部分の壁（たとえば、ピストン）にかかっている圧力だが、じゃあ、移動しない壁には圧力はかかってい

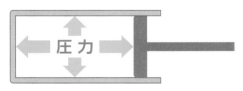

圧力は移動する面だけにかかっているわけではなく、容器の内面すべてに同じ大きさの圧力が作用している

ないのか、というとそういうことはない。実は移動しようがしまいが、気体が入っている容器の内壁には同じ圧力がかかっているのである。

これは力学編で出てくる力とは似て非なるものだ。力には大きさと向きがなくてはいけないが、圧力は向きが違う内壁に垂直な方向にかかっているので、決まった一定の向きがなさそうに見える。

「いや、壁に垂直な方向なんだから向きはあるじゃないか」と言うなかれ。じゃあ、壁がない、容器の真ん中では圧力はどっち向きなのだろうか？　気体の内部でも圧力はあるに違いない。だが、壁がないのだから方向は決まらない。じゃあ、気体の圧力は何か壁のようなものを置かない限りは発生しない、「幻の力」のようなものなのだろうか。

そんなわけはないだろう。実際には圧力は容器の真ん中でもちゃんと存在している。じゃあ、そのときの向きは？　というと答えは「あらゆる向き」ということになる。気体の中にある適当な領域をとり、その表面にかかっている圧力を全部足すと、それは気体の質量にかかっている重力と釣り合っている。それは当然だろう。そうでなければ気体は動いてしまう。

むしろ、圧力という物理量（？）は気体にかかっている重力などの力を打ち消すように決まっている、というほうが正しい理解ということになる。その意味では机の上に載っている物体に重力がかかっていても落ちないのは机から逆向きの力が加わっていて打ち消しているから、というのと同じである。

机が物体に及ぼす上向きの力は、物体にどんな重力が

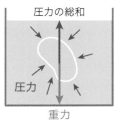
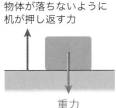

重力と圧力
気体の中のどの部分を考えても、表面にかかる圧力（いろいろな向きを向いた青い短い矢印）を全部足すと（上向きの長い青い矢印）、気体にかかる重力（下向きの赤い矢印）とバランスしている（図左）。それは机の上に置かれた物体が落ちないように机が上向きの力（上向きの青い矢印）を重力（下向きの赤い矢印）を打ち消すように物体に作用させるのと何も変わらない（図右）

かかっているかが決まらないと決まらないのと同じように、気体のどこにどんな圧力が発生しているかは、気体に加わる重力などが決まらないと決まらないのである。

恐るべし水圧

　地表付近に住んでいる私たちはふだん大気圧をあまり意識することはない。しかし、水圧のほうはそうはいかない。

　10 m潜るごとに水圧は1気圧ずつ増えていく。水深100 mの海中では（もともとの大気圧の1気圧を加味すると）地上の11倍の水圧がかかる。そのため、呼吸で取り込む窒素が血液や体の組織に溶け込みやすくなり、めまいが生じる「窒素酔い」になりやすい。それだけではない。海面に浮上するときには、一気に水圧が下がるため、体のしびれや痛み、呼吸困難などの重篤な症状が出

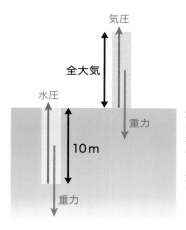

気圧

全大気

水圧

重力

10m

重力

大気圧と水圧
その上に載っている、すべての水の重さを支えないといけないので、深くなるほど水圧は大きくなる。一方、地上の全大気の重さは水に換算するとたった10mの深さにしか相当しない

る「減圧症」（潜水病）になる危険もある。

　（大気圧は除くとして）深さ200mでは20気圧、深さ300mでは30気圧というとんでもない圧力になる。世の中にはすごい人がいるもので、エジプト軍特殊部隊の潜水工作員だったダイバーは、水深332.35mまで潜ったという（2014年当時の世界記録）。12分で最深部まで潜り、潜水病を防ぐため、数種類のガスが入った60本以上の酸素ボンベを使い、約15時間かけて水面に戻ったというから恐れ入る。

　なぜ深くなると、こんなに水圧が大きくなるのだろうか。これは、深いところではその上に載っている水の重さが全部かかっているからである。その水の重量に対抗できるだけの水圧がないと水は動いてしまう。しかし、海底にしろコップに入っている水にしろ、底があるので下に動くことはできない。結果、水中にいるものには、

上に乗っている膨大な水の重さに対抗できるだけの水圧が発生することになる。

　水深が10ｍ下がると1気圧ずつ水圧が上がっていくのは、水10ｍ分の重さと、地球上の全大気の重さが同じ大きさだからである。それほどまでに気体と液体の密度の差は大きい。

　地表面での大気の密度はだいたい液体の水の1000分の1しかない。一方、大気圏のうちもっとも密度が高い、地表に近い部分である対流圏はだいたい高度10kmまでとされる。10kmの1000分の1は10ｍなので、深さ10ｍごとに1気圧ずつ水圧が大きくなるという計算にだいたい符合する。

「水圧」との死闘

　人類はこの水圧というものとずっと闘ってきた。人類にとって、宇宙へ行くほうがはるかに難易度が高いように思えるかもしれないが、宇宙空間と地表の圧力差はたった1気圧しかない。

　宇宙に行くこと自体は海の中に深く潜るより大変だろうけど、宇宙空間に達してしまえば、圧力は深刻な問題ではなくなる（もちろん、無重力空間で暮らすには別の生理学的課題を克服する必要はあるが……）。

　圧力に関する限り、宇宙より深海のほうが、はるかに厳しい。前述したように数百ｍ潜っただけで水圧は数十気圧になってしまう。地上の数十倍もの圧力が体にかかるのだから、体が悲鳴をあげるのは当然だ。

　これを克服するために、人類が開発したのが潜水服だ。

潜水服はヘルメットに防水服が結合したような構造で、そこに地上からポンプで空気を送り込む。しかし水圧がそのまま体にかかってしまうため、そんなに深くは潜れない。

　この状況を大きく変えたのは潜水球の発明だった。潜水球は潜水具のヘルメット部分だけを拡大した球状の乗り物で、やわらかい潜水服と異なり、鋼鉄の外殻がしっかり水圧を受け止めるので、内部の人間は高圧にさらされることなく海の中に潜ることができた。

　水圧は壁に沿った圧力で相殺され、球殻内部の圧力はけっして水圧と同じになることはないので、内部の人間の安全を保ったまま深海に潜ることが可能になった。この潜水球は1930年に当時としては驚異的な245mの深度までの潜水を可能にし、わずか4年後にはこれを923

1882年に開発された人型潜水服
(Myrabella, Own work, 2 November 2012)

潜水球
（GRANGER.COM／アフロ）

mという驚異的な深さにまで伸ばした。この潜水球は厚さ2.54cmの鋼鉄製だった。

　この記録は30年後にはバチスカーフと呼ばれる潜航艇（潜水球のようにワイヤーでつるされず、自由に移動できる）で1万916mまで更新された。これ以上に深い海は現在までに知られていないので、人類はもっとも深い海にすでに到達していることになる。

　これらの深海探索のもっとも顕著な成果は太陽光の届かない深海にも多くの生命体が生息していることの発見だった。こんな深海の生物がどうやってこんな高圧に耐えて潰れないで生きているのかと思うかもしれないが、深海生物の体の組織は油分や水分で満たされ、気体がほとんど含まれていない。体液も周囲の水圧と同じ水圧の水でできているから内外で圧力は釣り合っており、高い水圧の環境下でも、海水と同じ圧力で押し返すことにより、潰れることはない。バチスカーフや潜水球のように外圧に耐えたりする必要はないので余裕なのだ。

　ちなみに、水族館の普通の水槽で深海魚が飼育できる

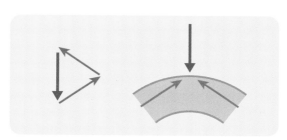

潜水球の球殻が圧力を逃す構造
球殻の一部分にかかった水圧（下向きの矢印↓）は壁に沿った方向の力（斜め上向きの2本の矢印 ↖ と ↗）で相殺されるので非常に大きな力に耐えることができる（アーチ効果）。このため球殻はもっとも水圧に耐えることができる構造である。アーチ効果はいろいろなところで使われている。有名な眼鏡橋は荷重に耐えるために造られたアーチ構造が水面に映ってさかさまになり、実際のアーチと組みあわさって眼鏡のように見えることから名づけられたし、卵が丸いのも、卵殻がドーム状になることで圧力に耐えやすいという自然の摂理に基づいたものだ（一般的な鶏卵は縦方向の圧力に限るならなんと1個で7kgの荷重に耐えられると言われている）

眼鏡橋はアーチ効果の典型的で工学的な応用例で、基本的には潜水球がなぜ球形なのかというのと同じ理由である
（アフロ）

のも同じ理由だ。深海魚を普通に釣り上げると死んでしまうのは、体内の高い圧力の水が、大気圧と釣り合わなくて体が破裂してしまうからである。ゆっくりと徐々に圧力を下げ、体内の高圧の液体を圧力が低い液体に交換していけばこんなことは起きない。

数十気圧という高圧になぜ深海魚は耐えることができるのか？

（アフロ）

　人間にしても深海魚にしても限られた生息圏のなかで生きているので、ふだんの生活のなかで体内と体外における圧力バランスを意識することは少ない。しかし、熱力学的な「圧力」の急変動は、確実に生物の生死に直結する。深海は、ふだん見落としがちな重要な事実に気づきを与えてくれる貴重な場所なのかもしれない。つい最近（2023年6月）にも、タイタニックの残骸を見学することを目的とした観光潜水艇が乗員ごと深海で押し潰されるという痛ましい事故があったばかりだ。いまでも深海に赴くのは容易ではない。近くて遠い場所、それが人類にとっての深海の位置づけであり、当分の間これが変わることはないだろう。

Chapter 17

いまとなってはトンデモ仮説 熱素説を科学者が信じたのはなぜ？
（熱力学第一法則）

「力学編」で紹介した「エネルギー保存則」を覚えているだろうか。位置エネルギーと運動エネルギーがお互いに変換することでその総和は保存する、という考え方だ。これに比べると、これに熱を加えたエネルギー保存則の拡張版とでもいうべき、

　　熱力学第一法則
　　　　　気体の内部エネルギー ＝ 仕事 ＋ 熱

は確立されるまでに長い時間を要した。それは「熱素説」（カロリック説）という優れたライバルがその認識の前に立ちはだかったからだ。熱が「熱素」（カロリック）という物質であり、一種の保存量だという考え方は、いまとなってはトンデモ仮説であるが、19世紀半ばまではトンデモどころか、当時の第一級の科学者たちがこぞって支持した有力仮説だった。

熱力学第一法則
$$\Delta U = Q + W$$
ΔU [J] 内部エネルギーの変化
Q [J] 物体に与えた熱量
　　　（heat quantity）
W [J] 物体がされた仕事（work）

物体（気体）
Q
W
内部エネルギー
$U \rightarrow U + \Delta U$

熱力学第一法則（再掲）

熱素説では、気体が膨張すると温度が下がるという現象は、熱素の濃度が薄まるからだ、と説明された。これに対して、熱力学第一法則では「気体が膨張するとき外部に仕事をするから、その分エネルギーが失われて温度が下がる」と説明される。後者が正しいと知っている我々からすれば、熱素なんてトンデモ仮説だと思ってしまうが、そもそも熱と仕事が等価だ、ということになんの証拠もない場合、後者のほうがトンデモに思ってしまうのも致し方ないだろう。

カルノーサイクルと熱素説

　有名なカルノーサイクルの理論も、なんと当時は熱素説に基づいて書かれていた。カルノーサイクルはフランスの物理学者サディ・カルノーの考えた、熱機関の熱効率が最大になる理想サイクルで、蒸気などが、高温と低温との間を等温膨張・断熱膨張・等温圧縮・断熱圧縮の4行程で循環するというものである。思考実験で、温度の異なる2つの熱源の間で動作する可逆な熱力学サイクルを説明するカルノーサイクルは、のちに熱力学第二法則、エントロピー（重要な概念だが難しいので本書では触れない）等の重要な概念の発見につながる端緒を開いたと言われる。

　ところが、カルノーは、この仮説を熱素説で説明した。熱素は高温熱源から低温熱源に流れる水のようなものだとされ、その「勢い」が水車を回すように仕事をする、としたのだ。したがって、熱素の量（つまり熱の量）は保存される。高温熱源からの熱と低温熱源への熱の量

の差が仕事になる、という熱力学第一法則とは全然話が違っている。

　当時、力学は完成していたから「高いところから物体が落下することで仕事をするように、熱素が高いところ（高温）から低いところ（低温）に落ちるときに仕事をする」と考えたほうが当時の理解としては受け入れやすかったと思われる。

　いまの我々から見ると「熱は仕事と等価に交換できる

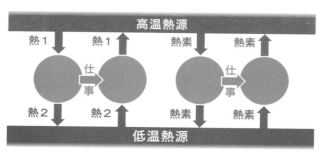

高温熱源から低温熱源への熱の移動と仕事との関係
現在の理解（左）
高温熱源からもらった熱1と低温熱源に吐き出す熱2の差、「熱1－熱2」が仕事になる。逆に同じ仕事をすることで低温熱源から熱2をもらい、仕事の分を加えた「熱1」（熱2＋仕事）を高温熱源に戻すことで状態が元に戻る。
熱素説による理解（右）
高いところから低いところに物体が落ちるときに仕事をする（例：水車）のと同じように、高温熱源から低温熱源に熱素が「落下」するときに仕事をする。逆に仕事をして熱素を低温熱源から高温熱源に「汲みあげる」ことで元の状態に戻る。
後述する「ジュールの実験」は熱素を汲み出す熱源がなくても、仕事さえあればいくらでも熱を取り出せることを示すことで、仕事をしているのは熱の移動ではなく、熱そのものの量であることを示すことを意図していた

ものだ」ということは当たり前のように思えるかもしれない。しかし、たとえば、力学編の電気回路の重心の問題で議論した（Chapter 1）ように、質量とエネルギーは交換可能という事実には（それが正しいにもかかわらず）違和感を覚えるだろう。当時の科学者からしたら熱と仕事というまったく外見が異なる2つのものが等価交換できるという考えのほうがよほど革命的で受け入れがたかっただろうと思われる。

　アメリカで生まれ、イギリス、ドイツで18世紀に活躍した物理学者、政治家であるランフォードが考えた、「仕事さえあれば熱はいくらでも生み出せる」という考えは、19世紀になって、より精密な実験でジュールによって検証される（後述）。外から与える仕事の量で、発生する熱の量が完全に決定するという定量的な実験がなされて、熱と仕事の等価性が確認され、ようやく熱素説は敗北することになるのである。

　それにしても、熱の根本を誤って理解していたカルノーの業績が、正しい熱の理解が確立した後もしっかり生き残り、熱力学第二法則やエントロピーという真理の発見につながっていったというのは、なんとも興味深い。物理学の歴史にはこのように間違って理解していたけれど結果的に（たまたま）正しいことを言ってしまった、という例は枚挙に暇がなく、それでも「最初に言った人は解釈が間違っていたから、後年正しい解釈をした人の業績にしよう」とはけっしてならないのである。たとえば、アインシュタインの特殊相対性理論に出てくる空間と時間を変換する式はローレンツ変換と呼ばれている。この変換式の「意味」を正しく解釈したのはアインシュ

タインであっても、式を最初に導出したのは別人のローレンツであり、すでに式に名前がついてしまっているので、「発見したのはローレンツだが解釈が正しいのはアインシュタインだから今日からアインシュタイン変換という名前にしよう」とはけっしてならない。解釈がおかしくても現実を正しく記述するルールを見いだせれば、それは法則の発見として後世まで語り継がれるものなのである。

在野の研究者が熱力学第一法則発見に貢献

「熱力学第一法則」の確立の立て役者は、高校の教科書にも出てくるジュールだろう。イギリスに生まれたジェームズ・プレスコット・ジュール（1818〜1889年）は、在野の研究者で、生涯、大学などの研究職に就くことなく、家業の醸造業を営むかたわら、熱力学の大発見につながる重要な研究を行った。熱量の単位ジュールは、彼の名前に由来する。

ジュールは最初にボルタ電池を使った電動機（モーター）の実験を行った。彼は、電動機で使用する電磁石の引力は、電流の2乗に比例することを発見した。ジュールはこれを使って蒸気機関を超える動力機関を作ろうとして失敗した。代わりに、単位時間当たりの発熱が電流の2乗に比例することに気づいた。いわゆる「ジュールの法則」だ。

単位時間（ t ）あたりの発熱（ Q / t ）＝
電気抵抗（ R ）× 電流^2（ I^2 ）

このとき、ジュールが実際に測ったのは（熱量を直接測れるわけはないので）電流が流れている導線を水に沈めたときに生じる水の温度上昇で、上昇温度の多寡で発生した熱の多寡を測った。ここで、電磁気学編で述べたオームの法則を思い出してほしい。

$$電圧（V）= 電流（I）× 電気抵抗（R）$$

　ジュールの法則の右辺を$R × I$とIの掛け算だと思って、さらに$R × I$の部分を、オームの法則の式を使ってVに置き換えると、

$$単位時間（t）当たりの発熱（Q／t）=$$
$$電流（I）× 電圧（V）= 電力（W）$$

という式になる。これはまさに「電力が全部熱になる」という電熱器の原理そのものである。

　しかし、当時は仕事と熱の等価性はまだ知られていなかったので、当然、ジュールはこの実験だけで熱力学第一法則に至ったわけではない。

　次にジュールは、電池を使わず直接熱を発生させる実験として、コイルの中で磁石を重りの力で回転させる実験を行った。電池を実験系から排したのは電池があると「熱素が電池から供給されてそれが導線から水中に漏れ出して水の温度が上がった」と解釈されてせっかくの実験が熱素説の否定としては難癖をつけられかねないからだと思われる。コイルの中で磁石を回転させる、というのは電磁気学編で説明した発電の原理そのものなので

あり、これだったら熱素が関わる余地はなく、純粋に熱力学的な仕事から熱が発生したと主張しやすい。この実験を通じて、ジュールは「重りがした仕事が発電し、生じた電流が電気抵抗で熱になる」という現象に着目し、「仕事が熱になる」という原理に確証を得た。

ジュールは、最初のうちは「仕事が熱になるには電流を介すことが必須だ」と思っていたようだが、後に、ジュールは水中で羽根車を回転させ、そのときの温度上昇と、羽根車を回すのに必要だった仕事（＝力学的なエネルギー）を定量的に関係づけることで、熱エネルギーと力学的エネルギーを（電流を介さずに直接）関係づけることに成功した。これらの発見を通じて熱は物質ではなく、

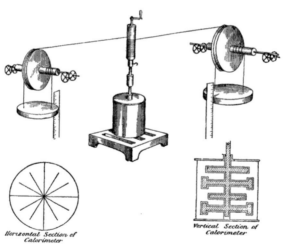

ジュールが行った熱の仕事当量の実験

エネルギーがその形態を変えたもの（エネルギーの一種）であるという熱力学第一法則（エネルギー保存則の拡張版）が確立したのである。

　ただ、ジュールが行ったのはあくまで熱と仕事の関係づけだけである。これがより一般的に熱を含めた意味でのエネルギー保存則である熱力学第一法則であることを確立したのは、マイヤーとかヘルムホルツといったもっと理論にたけた物理学者の功績なので、ジュールが独力で第一法則を発見・確立した、と言ってしまってはやや語弊があるだろう。

　こうやって見てくると、高校の物理ではまったく別物として習った力学、電磁気学、熱力学がエネルギーという横軸でしっかりつながっていることがわかる。物理学はばらばらの学問の寄せ集めじゃなく、全体が一個の体系として形作られているのである。

Chapter 18

マクスウェルの悪魔はいなかった
（熱力学第二法則）

エネルギー保存則の拡張版である「熱力学第一法則」とよく混同されるのだが、「第一法則」と「第二法則」は全然別の法則である。

熱力学第二法則は「低温から高温に（自発的に）熱が移動してはならない」というものだ。「自発的に」というのは、外から余分なエネルギー（仕事）を加えなくても勝手に移動するという意味である。外から仕事を加えることにより低温から高温に熱が移動するのは構わない。

なぜ、自発的に低温から高温に熱が移動してはいけないのか？　もし、そんなことが起きたら、低温側の温度

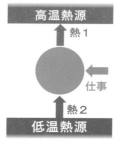

高温熱源から低温熱源への熱の移動と仕事との関係
左：「熱2＝仕事＋熱1」、右：「熱2＋仕事＝熱1」なので熱力学第一法則（エネルギー保存則）的には両方ありである。しかし、左は熱力学第二法則から禁じられている（けっして現実には起きない）

はどんどん下がり、高温側の温度はどんどん上がってしまう。そうなれば、熱力学第一法則の限界まで、つまり低温側のエネルギーが汲み出されて全部高温側に移動するまで熱の移動は止まらないだろう。

　それが起きたら何がいけないのか。それは世界が不安定になってしまうからだ。たとえば、コップの中の水を考えよう。何かの拍子に、コップの中の水に少しだけ温度差が生じたとしよう。その場合、低温側から高温側に熱が移動し始めたら、熱の移動は止まらずに凍った部分と沸騰した部分に分かれるだろう。もし同じようなことが、私たちの体内で起きたらどうなるのか。一定の体温が維持できず、体の一部が凍ると同時に別のところは沸騰してしまう。これでは生命は存在できないだろう。

　もっとも、「低温側から高温側に自発的に熱が移動する」という現象が起きると「世界が安定的に存在できない」ということは、「この現象がある特定の物質で起きる」とか、「ある特定の温度差だけで起きる」ということを必ずしも禁じない。熱力学第二法則に反する事象が、限られた状況で起きるだけなら世界が崩壊したりはしないからだ。

　実のところ、「低温から高温に自発的に熱が移動することはありえない」というのは経験則でしかない。人類が知る限り、「これを破るような現象は観測されていない」ということだ。それでは絶対ないとは言えないのでは、と思うかもしれないが、それを言ったらほとんどの物理法則は経験則でしかない。

　熱力学第一法則であるエネルギー保存則だって、あくまで経験則であり、ある日、特定の状況でそれが破れて

いることがわかっても、特に問題は起きない。同じように熱力学第二法則も、人類が知る限り一度も破れていないだけの、しかし、おそらくは絶対に破れないだろうと信じられているだけの宇宙の法則にすぎないのである。

熱力学第二法則と時間の向き

物理法則に支配された現象には時間を「逆回し」することができる現象とできない現象がある。たとえば、太陽系の中の星の運動は前者だ。太陽の周りの惑星の公転運動、個々の惑星の自転運動は逆回りの世界を想定しても何も問題はない。

だが、低温の物体から高温の物体に熱が勝手に移動することはありえないので、もし、水の中に浮かべた氷が融ける様子を撮影し、逆回しで再生したらありえない映像ができ上がるだろう。その意味では熱力学第二法則は「時間の向き」を決める重要な法則のひとつである。

つまり、熱力学第二法則は単に熱力学の中の重要な法則というだけではなく、時間の向きという物理学の大問題に関係している可能性がある、重要な法則なのである。

なぜ、熱が勝手に低温から高温に移動することができないかはまだ完全にはわかっていないがいくつかの説がある。ひとつは乱雑さに関係しているという説である。

氷と（液体の）水を構成する個々の分子を見ると氷の中の分子のほうが水の中の分子よりエネルギーが小さい。そこで水と氷の入ったコップ全体を見るとエネルギーの小さい分子が1ヵ所に固まった偏った状態になっている。個々の水の分子からすると、氷の中にいる道理は

なく、水の中にも自由に出ていけるはずだ。

　だから十分時間が経つとエネルギーの大きい分子も小さい分子もコップの中で一様に分布する状態になるはずである。これが氷が融けてコップの中の水の温度が一定になったという状態であり、つまり、熱力学第二法則は乱雑さが増大することと等価だ、という考え方である。

　一見これでよさそうだが、この説明にはひとつ問題がある。個々の水分子の運動を、太陽系の中の星の運動を逆転させたときのように逆転させることはいつも可能なはずだ。だが、これをやってしまうと氷が融けた状態から出発して、水と氷に分かれた状態になることが「あり」になってしまう。それは絶対起きないというのが熱力学第二法則なのでちゃんとした説明としては不十分である。

　現実問題として、放っておいたら水と氷に分かれるような運動状態に偶然水分子のすべてがなることはほぼありえない。ほぼこれで熱力学第二法則が正しいという説明になってはいるものの、氷が融けてできた水から、また氷に戻ることは絶対に起きないと、すべての場合に証明できた人は残念ながらいない。

「マクスウェルの悪魔」のパラドックス

　この考え方については昔「マクスウェルの悪魔」と呼ばれるパラドックスが考えられていた。コップの中に小部屋を作って開閉できる小さな窓をつける。エネルギーの小さい水分子がやってきたら窓を開けて中に入れ、逆に小部屋の中のエネルギーの大きな水分子が窓のそばに

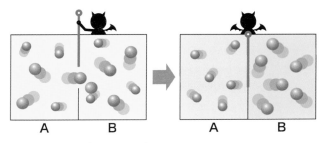

マクスウェルの悪魔のパラドックス

来たら開けてやって小部屋の外に逃がす。これを繰り返せば、窓を開け閉めするだけで氷を作れるのでは、というのだ。「マクスウェルの悪魔」というのはさすがに人間にはこれは無理なので、こういうことができる悪魔のような存在がいたら、という意味でこの名前がつけられた。マクスウェルというのは、このパラドックスを考えた、スコットランドの物理学者ジェームズ・クラーク・マクスウェルに由来する。

マクスウェルの悪魔のパラドックスの解決

このパラドックスは長いこと解明されなかったが、最近決着をみた。この議論では「悪魔の頭の中の乱雑さ」が考えられていなかった。つまり、悪魔は「水の分子のエネルギーが大きいか小さいかを覚える」必要がある。

これはコンピュータでは、メモリーに情報が書き込まれたことに相当する。つまり、乱雑さが減っているので、温度が低い状態に相当する。次に、水の分子の状態を記憶するために一度メモリーをリセットして忘れない

といけない。この結果、乱雑さが増す。これは温度が高いことになる。

　コンピュータのメモリーの中の状態が「温度が高い、低いに関係している」というのはとてもわかりにくいが、この「悪魔の脳の中のメモリーの『温度』を勝手に（外から仕事をせずに）上げたり下げたりできる」という前提が、熱力学第二法則に反しているからマクスウェルの悪魔は実現不可能だ、というのがいまの物理学の理解である。

　コンピュータのメモリーの中の状態に温度が定義できるというのはとんでもなく理解が難しいが、昔の物理学者は、熱と仕事が同じものだと理解するのにさえとても苦労したのだ。コンピュータのメモリーの中の状態に温度があって、熱が定義できることくらい、そんなに過激なことではないのではないだろうか。

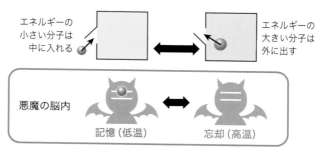

エネルギーの小さい分子は中に入れる

エネルギーの大きい分子は外に出す

悪魔の脳内

記憶（低温）　忘却（高温）

マクスウェルの悪魔の脳内
水分子を分別できるように窓を開閉するだけで氷を作れそうに思える（マクスウェルの悪魔）が、悪魔の脳内で勝手に（仕事をせずに）温度を下げたり上げたりできる、という前提が熱力学第二法則に反している。熱のやりとりを考える場合にはメモリーの中の状態にも温度があって、熱が介在すると考えないといけないことが最近実験的に明らかになった

Chapter 19

「モーターにはまだ負けません!」
熱機関が現役でいられる理由

　「熱機関」というと古めかしい機関車の蒸気機関などを思い浮かべる人も多い。古い技術でいまは使われていないと思っている人も多いかもしれないが、どっこい熱機関はバリバリの現役である。

　熱機関で有名なのは、ジェームズ・ワットの蒸気機関だと思うが、カルノーが熱力学を正しく理解していなかったのと同じようにワットの熱力学の理解はいまの我々

(アフロ)

蒸気機関車
蒸気機関はその複雑な構造とまず水を沸騰させないと発進できないという不便さから、自動車の動力としては一敗地にまみれたが列車の動力としては長く生き残った。1825年の初の営業運転以来、1950年くらいまで実に120年間にわたり、俗にいう先進国でも普通に使われていたという。イギリスでは1960年代、日本では1970年代まで蒸気機関車が第一線で営業運転していた

から見たら非常に遅れていた。ワット（Ｗ）は電磁気学編で出てきた単位時間当たりのエネルギー消費／供給の単位なので、そんなものに名前が残るほどすばらしい業績をあげたにもかかわらず、である。しかし、カルノーと同様、ワットは「熱と仕事の等価性」はまるで理解していなかったが、熱機関の実用化には成功した。そもそもワットは1736年生まれ、1819年没のイギリス人なので、1818年生まれのジュールの業績だった熱と仕事の等価性を知るわけもない。

　この「基礎が間違っているのに応用が成功してしまった」というのは変な気がするかもしれないが、わりとよくある話である。たとえば動力飛行に初めて成功したライト兄弟。空を飛ぶ機械などなかったのだから理論的にどうやったら空を飛べるかという理論はまったくなく、まったくの試行錯誤で動力飛行を実現した。その証拠にライト兄弟の成功の報を受けた学術界は称賛に沸きかえるどころかむしろ「機械が飛ぶことは科学的に不可能」とコメントしたという。

　これだけを読むと、なんて理解がない頭の固い連中だと思うかもしれない。しかし、現在でも、「科学的に不可能とされることを実現した」みたいな報道は枚挙に暇がないが、再現性にとぼしいものが大半だ。科学技術が未熟だった19世紀は、こうした情報の大半がデマなので、そうしたトンデモニュースが出るたびに、いちいち取りあわなかったのは仕方ない面もある。

ワットの蒸気機関のブレイクスルーとは

　そもそも、ワット以前の蒸気機関は、蒸気をピストンに送り込んで持ち上げたあとで冷やして蒸気を水に戻すことで、ピストンが重力で下に戻るしくみを使っていただけであり、大気圧である1気圧以上のパワーは出せなかった。その意味では、「高圧の水蒸気でピストンを押して仕事をする」という我々がふだん持っている（蒸気機関車に対して持っているような）蒸気機関のイメージとは大きく異なっている。

　これに対してワットは2つの大きな改良を加えた。

　①大気圧を利用するのではなく、蒸気圧を大気圧以上にして、大気圧に抗してピストンが動くようにして、大

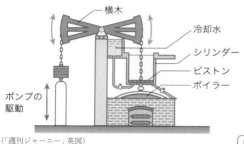

（「週刊ジャーニー」英国）

ニューコメン式蒸気機関
蒸気が水に戻るときに生じる圧力を利用して、仕事をする。仕事をするのはピストンが下がるときなので大気圧以上のパワーは出ない

シリンダー周辺の略図

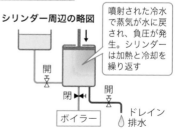

噴射された冷水で蒸気が水に戻され、負圧が発生。シリンダーは加熱と冷却を繰り返す

開
閉　開
ボイラー　ドレイン
排水

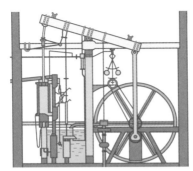

シリンダー周辺の略図

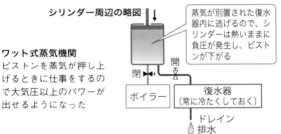

ワット式蒸気機関
ピストンを蒸気が押し上げるときに仕事をするので大気圧以上のパワーが出せるようになった

蒸気が別置された復水器内に逃げるので、シリンダーは熱いままに負圧が発生し、ピストンが下がる

閉　　開

ボイラー　　復水器（常に冷たくしておく）

ドレイン
排水

気圧よりも大きな動力が得られるようにした。

　②ピストンの中で水蒸気を水に戻すと、いっしょにピストンも冷えてしまって無駄なので、蒸気を外に出して別の場所で水に戻すことにした。

　この改良のおかげで、蒸気機関の性能は大きく向上し、蒸気機関車や蒸気船が可能になった。

内燃機関と外燃機関の長所と短所

　熱機関は内燃機関といって、熱の発生が動力装置内部で起きている場合と、外燃機関といって熱の発生が外部

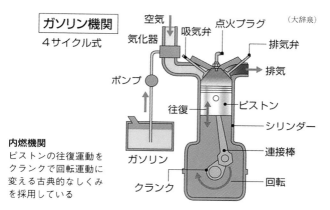

ガソリン機関
4サイクル式

（大辞泉）

空気
気化器
吸気弁
点火プラグ
排気弁
排気
ポンプ
往復
ピストン
シリンダー
連接棒
回転
ガソリン
クランク

内燃機関
ピストンの往復運動を
クランクで回転運動に
変える古典的なしくみ
を採用している

で起きている場合がある。エンジンは内燃機関で、蒸気機関は外燃機関である。いまではすっかり見なくなってしまった蒸気機関に対して、内燃機関であるエンジンは現役なので内燃機関のほうが優れているというイメージが先行しがちだが、実際はどっちが優れているかは場合によるとしかいえない。

　まず、車のエンジン。内燃機関と呼ばれるこの動力機構は立派な熱機関である。ただ、この内燃機関というしくみは現代ではほぼ車のエンジンでしか使われていない。最近はEVなどが普及してモーターに置き換えられてしまう未来も垣間見えており、身近にエンジンという内燃機関が存在しているという世代はいま生きている世代が最後かもしれない。

　内燃機関はピストンの往復運動をクランクで回転運動に変換するという古典的な方法で熱エネルギーを仕事に変えている。これはできたばかりの蒸気機関も採用していた方法で非常に古典的な方法であり、現在はより効率

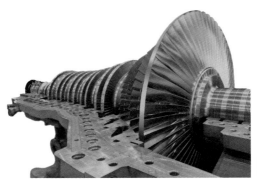

蒸気タービン
（新日本造機）

がいいタービンにとって代わられている。

　熱エネルギーを直接回転運動に変えることができるより現代的なしくみがタービンであり、いまはほとんどの熱機関がこちらを採用している。

　蒸気タービンのしくみはきわめて単純で、簡単に言えば、熱エネルギーで水を沸騰させて作った高温高圧の水蒸気の勢いで羽根車を回して発電する。熱の発生は外部で起きるので、これは外燃機関である。モーターで風を起こすのは扇風機だが、逆に羽根を回して発電していると思えばいいだろう（発電機とモーターが本質的に同じしくみであることは電磁気学編のChapter 14ですでに説明した）。

　この蒸気を沸かして発電するという考え方は、蒸気機関車の昔から変わらない。すごく古典的に見える。実は、蒸気を使わず直接燃焼ガスの勢いを使って発電するガスタービンというものもあるのだが、こちらはあまり使われていない。なぜか？

　実は、燃焼ガスのエネルギー密度は「薄い」のである。燃焼は当然、我々の周囲の大気を使って行われる

が、大気の中でただ燃料を燃やしてしまうと空気は膨張してさらに薄くなってしまう。すると同じ体積に含まれるエネルギーは少なくなって力が弱くなってしまう。これを防ぐためにガスタービンでは燃焼前に一度空気を圧縮しなくてはならず、この圧縮にせっかく発電で得たエネルギーの半分以上を使う羽目になり、無駄が多い。

これに対して、蒸気タービンでは水蒸気を水に戻すにはただ冷却すればいいので、圧縮にエネルギーを使わないですむ。この決定的な差が蒸気タービンという水蒸気を使った非常に古い発電システムが生き残っている理由になっている。実際、蒸気タービンの効率（発生した熱の何％がエネルギーとして取り出せるか？）は43％にも達する。「なんだ半分以下か」と思うかもしれないが、内燃機関であるエンジンの効率も40％にすぎないので、効率が悪いから外燃機関が打ち捨てられたわけでは必ずしもないことがわかる。

それでは、なぜ、車はエンジンを使っていて、タービンを使っていないのか。これは車の場合は時速に合わせてエンジンの回転をこまめに変える必要があるからである。車は止まったり動いたりするので、動き始めはゆっくりと、高速道路を疾走する場合は高速で、エンジンが回転するほうが望ましい。

だが、タービンの場合、回転数は水蒸気やガスの「勢い」で決まってしまうから簡単に回転数を変えることができない。これに対してガソリンエンジンは、毎回ガソリンを空気にちょっとずつ混ぜて燃やしているので、その回数を減らせばいくらでも回転数を落とすことができる。この回転数を自由に変えられるというガソリンエン

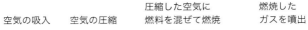

空気の吸入　　空気の圧縮　　圧縮した空気に　　燃焼した
　　　　　　　　　　　　　燃料を混ぜて燃焼　　ガスを噴出

空気

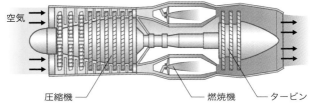

圧縮機　　　　　　　　　　　　　　　燃焼機　　　　タービン

ガスタービン（ジェットエンジン）のしくみ

ジンの利点が、自動車においてタービンが入り込めない
障壁となっている。

　ちなみにジェットエンジンもタービンを用いた熱機関
である。ジェットエンジンはガスタービンで、燃料を燃
やして作った高温高圧のガスを噴射し、その反動で推進
力を得ている。こちらは内部で熱が発生しているから内
燃機関である。ガスタービンの機械的な構造は蒸気ター
ビンと近いのに、内燃機関か外燃機関かという区別では
袂を分かつのがおもしろい。このことからも内燃機関か
どうかで効率の良しあしが決まるわけじゃないことがわ
かるだろう。

　ここで蒸気タービンではなくガスタービンが使われて
いる理由は、蒸気タービンにしてしまうと燃料のほかに
水を積まないといけないので飛行機が重くなってしまう
からだ。せっかく効率がいい蒸気タービンを搭載しても
燃料のほかに水も積まなくてはいけないのでは、せっか
くの推進力の大部分を水の運搬に使う羽目になってしま
う。

　こんなふうにひとくちで熱機関と言っても用途ごとに

異なったしくみの熱機関が採用されているのが現状だ。人類はまだ当分の間、熱機関のお世話になることだろう。

電動モーター飛行機が登場しない理由

　ちなみに電動モーターが飛行機に使われない理由は「充電池が重いから」ということに尽きる。ジェット燃料は燃やせばなくなってしまうから飛行機は飛行中どんどん軽くなっていく。だから平均すれば飛行機は燃料タンクを半分しか満たさない状態で飛んでいることになる。

　さらに充電池は場所を食う。電動モーター飛行機の航続距離が伸びないのはたくさん電池を積んでしまうと、乗客席や貨物室が減ってしまうからだ。おまけに機体重量も増えて、燃費も悪くなる。今後、高性能の充電池が開発される、とか、電磁気学編で触れた無線送電が可能になる、といったブレイクスルーがあれば、モーターで飛ぶ飛行機も夢ではなくなるだろう。実際、ドローンと呼ばれる飛行機械は完全に電動モーターで駆動している。これを大型化できれば電動の飛行機を実用化できる。

　最後に、蒸気機関は蒸気機関車や蒸気船にはちゃんと採用されたのに、なぜ車には採用されなかったのか。簡単に言えば、構造が複雑でメンテナンスが難しかったからだ。

　蒸気機関は外燃機関なので、外部で蒸気を発生させ、それを高圧を保ったままピストンに誘導、さらに使い終わったら蒸気を吸い出して水に戻してもう1回加熱する

ドローン（エアロネクスト）

場所に戻す、という複雑なシステムをどうしても作らないといけないが、内燃機関ならすべてはピストンの中で起きているのでこの問題はない。

　一方で、同じ蒸気を用いている外燃機関でありながら蒸気タービンのほうはバリバリの現役だ。前述したように、複雑なしくみが必要な蒸気機関と違って、蒸気タービンは最初っから蒸気が循環するしくみになっているので、構造が簡単でメンテナンスが楽だからだ。

　蒸気タービンは、改めて蒸気を循環させるしくみをつける必要はなく、むしろ水を熱して水蒸気にし、冷やして水蒸気を水に戻すという循環系を作っておき、その途中に動力を取り出すためのタービンをくっつけたという構造なので外燃機関と相性がいいのである。

　熱機関とひと言で言っても多様であり、どんな熱機関がどんな用途に向いているかは単純ではないのである。

Chapter 20

冷蔵庫はなぜ冷えるのか？
（冷却）

熱力学第二法則は低温熱源から高温熱源への熱の移動が絶対にできないことになっているが、それはあくまで自発的な場合に限られる。外部から仕事をする場合はまったく別である。

普通の熱機関は、高温熱源から熱１を受け取り、低温熱源に熱２を吐き出すことで、

$$熱１ － 熱２ ＝ 仕事$$

の大きさの仕事をする動力機関である。

もし次ページの図（右側）のように、外部から仕事をすることで、このプロセスを逆転させて、低温熱源から熱２を受け取り、高温熱源に熱１を移動させることができれば、低温熱源の温度をさらに下げることができる。式にすると下記のようになる。

$$熱２ ＋ 仕事 ＝ 熱１$$

このように、熱機関は、外部から仕事をすることで、「低温熱源から熱を汲み出して高温熱源に捨てる」という本来なら不可能な作用を実現する機械（＝冷却器）に簡単に変更できる。これはモーターを逆回しすると、発電機になるのと非常に似ている。

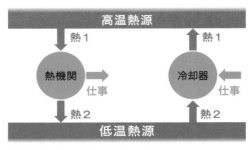

熱機関は、外部から仕事をすることで冷却器にできる

「冷やすより温めるほうが簡単」は本当か？

　熱機関の効率は、入力した熱1のどれくらいを仕事に変えられたかという、

$$熱効率 ＝ 仕事 ／ 熱1$$

という式で与えられる。これは、

$$仕事 ＝ 熱1 － 熱2$$

を使うと下記のような式になる。

$$熱効率 ＝（熱1 － 熱2）／ 熱1 ＝ 1 －（熱2 ／ 熱1）$$

　仕事＝熱1－熱2 ＞ 0である以上、熱1 ＞熱2なのでこの値は0と1の間の値になり、熱機関は加えられた熱1以上の仕事をすることができない、ということがわかる。

次に冷却器の熱効率を考えてみよう。冷却器の性能は、外部から加えた仕事でどれくらいの熱2を低温熱源から汲み出せるかが熱効率になるので、

$$熱効率 ＝ 熱2 ／ 仕事$$

が性能の評価になる。外部からいくらでも仕事を加えられるので、この値に熱機関の熱効率のような上限はいっさいなく、冷却器は仕事当たりの汲み出し熱の量である熱2をいくらでも大きくできる。つまり、仕事をすればするだけ、大量の熱を汲み出すことが可能なのである。

　一般にものを温めるほうが冷やすより簡単なイメージがあるが、実際には逆である。なぜそのような誤解が生じるかというと、「燃焼」という発熱反応は簡単に起こせるが、同じくらい簡単に起こせる吸熱反応がないからである。実は熱力学的には冷却のほうが容易である。

　冷却器では、高温熱源側では気体を圧縮することで高温熱源以上の高温にして熱1を高温熱源に捨てる、低温熱源側では気体を膨張させることで低温熱源以下の低温にして熱2を取り込む。気体の膨張と圧縮に仕事が必要だが、熱1や熱2の大きさや大小関係に制限はなく、いくらでも高性能の冷却器が作れる。

どうすれば冷やすことができるのか

　熱から仕事を作り出すほうの熱機関は多種多様なものがあるのに対して、冷却器はあまりバリエーションがない。

私たちにとっていちばん身近であるエアコンの冷房機能を例に熱交換によって温度を下げる方法を説明しよう。エアコンは、気体や液体などを使って熱を交換することで、室内の温度を下げたり、上げたりする空調機器だ。熱を移動させるための流体（気体もしくは液体）のことを冷媒という。エアコンでは、主に水素とフッ素と炭素の化合物が冷媒として使われている。

　図を参照しながら説明しよう。まず室内機の熱交換機で部屋の暖かい空気を集め、冷媒を暖める。熱せられた冷媒は、室外機に送られ、圧縮機で圧力をかけることでさらに高温になる。そして、高温になった冷媒は、室外機の熱交換機を通過する際に外気に熱が伝わり、ファン

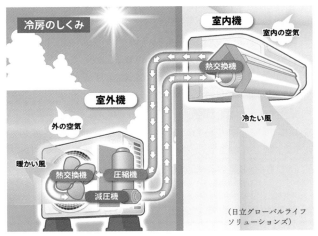

冷房のしくみ
エアコンの冷房機能は、圧縮機・減圧機・熱交換機に仕事をさせることで、室内の暖かい空気を室外に放出し、冷たい風を室内に送り込み、温度を下げる

によって暖かい風が室外へ放出される。低温になった冷媒は、さらに、減圧機を用いることで、体積がもとのサイズになることによってさらに低温になる。このようにして冷やされた冷媒は、室内機に送られ、熱交換機を通過して冷たい風を吹き出す。これがエアコンで空気を冷やす基本的なしくみだ。

　現実のエアコンではより効率的な冷却を行うために単に冷媒を圧縮することで高温にするだけではなく、気体が液体になるときの潜熱を用いてより大きな熱の交換が行えるように工夫している。

　潜熱とは、固体から液体へ、液体から気体へ（あるいはその逆）に物体が変化するとき、温度上昇を伴わない状態で変化する際に費やされる熱のことをいう。文字どおりに温度上昇を伴わない「潜んでいる熱」である。身近な例をあげると、注射する際に腕を消毒アルコールで拭くと、冷たく感じるが、これも液体であるアルコールが気化するときに腕から熱を奪っていくからだ。これも潜熱が起こす現象だ。

　エアコンでは、気体の冷媒に高圧をかけて圧縮すると高温を発し液体に変化する。この液体が減圧されて再び気体に戻る際には、消毒アルコールの例と同じように、周りから熱を奪っていく。

　このように、冷却器は、圧縮による冷媒の液化によって生まれる放熱と、減圧による冷媒の気化によって生まれる吸熱を利用することで、その冷却効果をさらに高めている。

　残念ながらこの気体を圧縮すると液体になって熱を発するという現象を我々が目にすることはまれなのでそう

いわれてもピンとこないだろう。その理由は、我々にとっていちばん身近な気体である大気はいくら圧縮しても液体にならないからである。大気が圧縮されて液体になるにはもっとずっと低い温度でなくてはならないので、我々は大気が液体になるところを目にすることはまずない。一方、我々にとってもっとも身近な液体である水は、常温では液体なのでこれまた気体（水蒸気）から圧縮されて液体になるというのを目にすることができない。水蒸気が液体（水）に戻るときは圧縮されるのではなく温度が下がって液体に戻る場合が圧倒的だとなると「気体が液体に戻るときには発熱します」といわれてもピンとこない。

　結果、いわゆる冷房を機能させるには常温で簡単に（圧縮や膨張で）液体や気体に変わってくれる特殊な物質、

エアコンや冷蔵庫の冷媒に使われるフロンガスは、オゾン層の破壊などの原因とされ、代替ガスに切り替えられた（アフロ）

身近にはないような物質を使わねばならない。その条件を満たすのは、フロンガスだった。のちにフロンガスはオゾン層の破壊など地球環境に致命的な影響を与えることがわかり製造が禁止になった。つまるところ、フロンガスみたいなあまり日常的に存在しない、つまり、ひょっとしたら危険かもしれないものを冷房なんていう身近なものに使う羽目になったのはまさに我々が日常的に「気体が圧縮されて液体に戻って発熱するところなんて見たことがない」という事実と裏腹だったのである。それが簡単に日常的に目にできる現象ならフロンガスなんて特別なものを使わずとも身近にある物質で簡単に冷房装置が作れたはずなのだから。

なぜ冷却は難しく、加熱は簡単なのか？

　前述したように、熱力学的には、ものを加熱するよりも冷却のほうが容易であるにもかかわらず、私たちの持っているイメージは逆である。
　それは熱を作り出す方法はいろいろなものを燃焼させることで可能なのに対し、仕事をして熱を取り出すことができるしくみが気体の膨張と、液体の蒸発くらいしかないからだろう。
　気体の膨張は、熱力学第一法則で、仕事と熱の和が一定という縛りがあるので、仕事を行わせることで熱を吸収させることが可能だし、液体が蒸発して気体になるときに周囲から潜熱を奪うので冷却に使える。しかし、それ以外に仕事をして熱を取り出す方法はあまり考えられない。

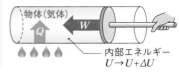

熱力学第一法則

$$\Delta U = Q + W$$

ΔU [J] 内部エネルギーの変化
Q [J] 物体に与えた熱量
　　　(heat quantity)
W [J] 物体がされた仕事 (work)

熱力学第一法則は、閉じた系の内部エネルギーの変化は、系に供給される熱量と系が周囲から受けた仕事量を足し合わせたものに等しいとされる。ゆえに、仕事を取り出すことで、熱を吸収させることが可能となる。たとえば、雲ができるとき、断熱膨張で温度が下がるのは「大気の塊に仕事をさせて、大気から熱を吸収したので大気の温度が下がった」と解釈できる。つまり、雲の生成は冷却器の一種とも考えることができる

　僕が知る限りの数少ない例外はガス吸収冷却器というものである。これは外から仕事をする代わりに熱を加えるのに、トータルでは冷却が可能という不思議な装置だ。詳細な説明は、次ページの図を参照していただきたいが、ガス吸収冷却器は、仕事は特に行われず、外からは水溶液を強引に蒸発させるときの加熱に必要な熱しか供給されない。なんでこんなまどろっこしいことをするのかというと、これだと動力なしで冷房ができるからだ。

　ガス会社でも冷房を提供できるというのを聞いたことがあると思うのだが、これはガス冷房を使っているわけじゃなくガスヒートポンプという別物である（224ページ参照）。これも液体が蒸発するときの吸熱を使うのは同じである。どこでガスを使うかというと気体をギュッと圧縮して液体にするときの動力にガスで動くエンジンを使う。そして大気圧下で液体が気化するときに周囲から熱を奪うことで冷却を実現する。実際に多くのガス会社が大規模施設（たとえば、上野動物園や東京ドーム、六本木ヒ

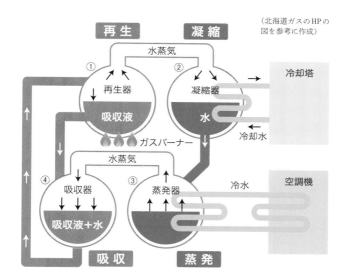

（北海道ガスのHPの図を参考に作成）

ガス吸収冷却器

吸収液はある物質の水溶液でこれを加熱して水を蒸発させる（①）。これを外気に触れさせて水に戻す（凝縮、②）。次に高真空の蒸発器に送って、無理やり蒸発させる（③）。水の蒸発する温度、つまり沸点というのは圧力が高いと高くなり、低くなると下がる。ご飯を炊くとき密閉して加熱するのは、水が沸騰してできた水蒸気を逃さないように閉じ込めると、炊飯器の中の圧力が上がって沸点が高くなり、100℃以上でも沸騰しなくなる結果、硬い白米も100℃以上で加熱されることになり、ふっくらとしたごはんが炊けるからだ。

逆に気圧が下がれば沸点は下がり常温（30℃程度）でも容易に沸騰するようになる。人間が真空の宇宙空間に放り出された場合、窒息死すると思われがちだが、たぶん、それは正しくなく、気圧が下がったことで水の沸点が体温以下になり、体中の血液が沸騰して死ぬ。だからこの蒸発器は常温でも水を沸騰させて蒸発させることができ、そのときの気化熱で冷やすことができる。気化熱で冷やせるのは夏の打ち水と同じことでその効果を何倍にも高めた、と思ってくれていい。この真空をどうやって保つか、というと吸収器に真空になるまでとことん水を吸収する物質を入れておくのである（④）。水を吸って水溶液になった物質は左上に送られてそこで水が蒸発するので、濃くなって吸収器に戻ってくる

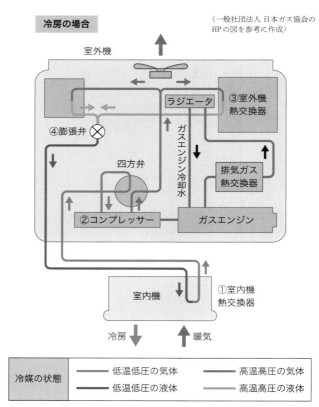

（一般社団法人 日本ガス協会の
HPの図を参考に作成）

冷房の場合

室外機

ラジエータ

③室外機
熱交換器

④膨張弁 ⊗

四方弁

ガスエンジン冷却水

排気ガス
熱交換器

②コンプレッサー

ガスエンジン

室内機

①室内機
熱交換器

冷房　　暖気

冷媒の状態	——— 低温低圧の気体	——— 高温高圧の気体
	——— 低温低圧の液体	——— 高温高圧の液体

ガスヒートポンプエアコンのしくみ

室内機①で「低温低圧の液体（緑）」が蒸発して「低温低圧の気体（青）」に
なるときに熱を奪う。この気体はコンプレッサー②で圧縮されて「高温
高圧の気体（赤）」になり、室外機／熱交換器③で屋外の（室内よりは高
温だが「高温高圧の気体」よりは）低温の気体に接して冷却され「高温高
圧の液体（オレンジ）」になる。この「高温高圧の液体」は膨張弁④と書か
れたところで自由に膨張してその温度と圧力を下げ、「低温低圧の液体」
（緑）に戻る。気体の圧縮に電力で回すモーターじゃなくガスエンジンを
使うところを除けば普通のエアコンと似たようなしくみである

ルズなどが該当するそうである）向けに冷房装置を販売しており、我々も知らないうちにこのようなガスを使った冷却器の恩恵を受けているのである（ガスを使った冷房には「ナチュラルチラー〈吸収式冷温水機〉」というのもあるのだがこれはここで説明した熱力学の原理だけでは説明できないので省略する）。

　加熱が楽にできるのは燃焼という反応があるからだ。燃焼を使わずに加熱しろ、といわれると難しいだろう。燃焼は一種の連鎖反応である。連鎖反応とは一度反応が始まると勝手にどんどん進む反応のことである。核兵器が恐ろしいのは、一度核分裂が始まるとどんどん反応が進んで膨大な熱が発生してしまうからだ。燃焼はある温度以上になると始まり、一度始まると燃焼で生じた熱がその「ある温度以上」を維持してくれるので連鎖反応が進む。

　私たちの身の回りには、炭水化物と酸素という反応物質が普通に存在し、高温さえ実現すれば簡単に燃焼反応が進む。一方で、燃焼という便利な連鎖反応は「高温」、つまり、人間の手を経なければ簡単に存在しないトリガーがなければ始まらない。人間は、「高温」というトリガーを巧みに使うことで、燃焼反応を自在に操れるので、加熱が簡単なように見えるのだ。

　ここで疑問が湧いてくる。なぜ冷却は、燃焼と同じように、ある温度以下にしないと始まらず、一度始まったら終わらない連鎖反応にならないのだろうか。

　それは、ある温度より高い状態は人工的に作らないと存在しないが、低い状態は必ず存在することになっているからである。巨視的に見れば、空間は一様だが局所的

に見れば揺らぎがあり、周囲より温度が低いところは確実に存在する。温度が高いほうは外から熱を加えないと作りようがないが、低いほうは揺らぎでたまたま温度が低いところができてしまうので、もし連鎖反応になるとすると、そこで一度反応が始まってしまったら、どんどん温度を下げながら続いてしまうことになる。

　つまり、連鎖反応で温度が下がるような冷却反応はもし、存在したとしたら、人間が介在しなくても勝手に始まってしまう可能性が高いのだ。勝手に進むのなら、その反応が始まる「前」の状態はすぐに消えてなくなってしまうのだ。だから好きなときに冷却反応を開始させられる連鎖反応は存在したとしても勝手に進んでなくなってしまうから、人間が好きなときに開始することはできないのだ。これが「加熱より冷却が難しい」と感じられる理由である。

熱力学と波動のあいだ
（熱は波だった）

熱は波だった ── フーリエの苦闘

　一本の棒を用意する。一端を熱し、反対側を冷やす。この棒の温度はどうなるだろう？　誰しも思うだろう。「それは冷たいほうからあったかいほうに向かってだんだん温度が上がるんじゃないか？」。そのとおり。だが、なぜ？　と言われるとよくわからない。熱いものと冷たいものを接させたら熱いほうから冷たいほうに熱が移動していずれ同じ温度になる。だがその途中で何が起きるかは熱力学からは決まらない。電磁気学では電流は磁場を作ったりモーターを動かしたりするものだから、実体

ジャン・バティスト・ジョゼフ・フーリエ
（1768〜1830年）

がしっかりあった。だが熱の流れを直接観測する術はない。世の熱流計と呼ばれるものはすべて、実際に測っているのは「温度差」である。まさに「両端が熱かったり冷たかったりしたら温度はだんだん変わっている」ということを測っているだけで、実際に熱の流れを測っているわけじゃないのだ。じゃあ、温度差があるとき熱流の大きさはどうやって決まっているのか？

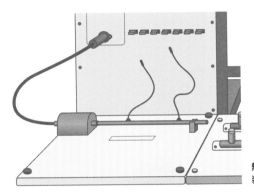

**熱伝導実験
装置の外観**

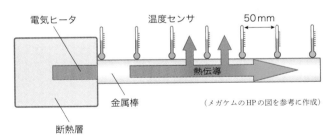

電気ヒータ　温度センサ　50mm

熱伝導

金属棒

（メガケムのHPの図を参考に作成）

断熱層

熱伝導の実験の模式図
熱伝導と言っても実測しているのはあくまで「温度」であって熱の流れそのものではない

この難問に挑んだのがフーリエだった。フーリエが見いだした答えは以下のとおり。

「熱流の大きさは温度差に比例する」

　実際、熱流計はこの原理に基づいて熱流を推定しているだけであって直接熱流を測っているわけではない。しかし、仮にそうだとしても長さのある棒に沿った温度分布がどうなるかを計算してみせる数学的な手段がフーリエの時代にはなかったのである。困ったフーリエは悪戦苦闘の末、とんでもないことを言い始めた。

「任意の関数は、三角関数の級数で表すことができる」

　三角関数というのは例のsinとかcosとかいういわゆる波の式である。級数というのは簡単に言うといろんな周波数（波長）の波をたくさん足すことを意味する。熱の棒に沿った温度分布は直線的に減少、あるいは、増大するのに、sinやcosをたくさん足すと直線的な変化になる、というのだ。

　なんでこんなことを言わないと問題が解けないかを説明することは残念ながらこの本の範囲を超えてしまうが、熱伝導という振動なんか全然関係なさそうな問題が波の重ね合わせで表現できると気づいたところにフーリエの天才があったのだろう。この業績はフーリエ解析という名前が冠されて残っているが、熱伝導以外の数学的な問題を解くのに広く使われており、フーリエというとみんなこっちのほうを思い浮かべるのが普通で熱伝導の

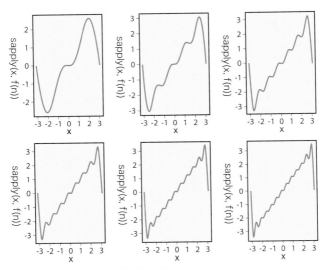

sinやcosを重ねていって「直線」を作る

ほうを思い浮かべる人はきっと少ない。

　僕もフーリエ解析はてっきり波動の研究のために発明されたものだと思い込んでいたので熱伝導の解析のために発明されたと知ったときには頭の中が「？」でいっぱいになってしまったものだ。

　というわけで熱伝導は実は波動だったのである！

第4部
波動編

　熱も実体がわからない難しい概念だったが、波動はまた別の意味で難しい。一方で、熱とは何かと真顔できかれたら返答に困るだろうが、波動が何かと言われたら即答できるはずだ。波の絵をさらさらっと描いて「これ」と言えばOK。じゃあ、何が難しいのか？　それは波動は熱以上に「発生する場所を選ばない」からだ。およそ振動するものならなんでも波動を起こしうるが、この世に振動しないものなど考えられない。つまり、波動とはどこでも起きる一般的な性質なのだ。あまりにも一般的すぎて波動というだけでは何か共通点を見つけるのも難しい。たとえば、音も光も波動だが、この2つに波動だという以外の共通点を見つけるのは結構難しい。

　第4部では同じ波動がなんで場合によって全然違って見えるのかに焦点を当てて説明する。同じだからこそ違って見える、そういうことが理解してもらえるとうれしい。

Chapter 21

なぜ、人は音を見ることが
できないのか？
（光の直進性）

「声はすれども姿は見えず」という言葉がある。

もともとは『山家鳥虫歌』の「和泉」の項にあった言葉だそうだ。これは男の訪れを待つ女心のやるせなさを詠ったものだそうで、直接描写されているのは秋の虫で、虫の声は聞こえても姿はなかなか見えないことにたとえている。

そう、声、すなわち音は、音源が見えなくても届く。なぜだろう？

この質問は、ごく当たり前のことをきいているように思える。光は光源が直視できなければ見えないが、音は音源が見えなくても伝わる。「音源が見えない」という言い方が、すでに「光は見えるけど、音は見えない」という状況を説明しているのだから、「声はすれども姿は見えず」なのは当たり前じゃないか？？？

ご存じのとおり、音は波である。波は「ホイヘンスの原理」で伝わると教わったと思う。円形をなして進む波の波面の一点一点（黒い点）が新たな波源になる。そしてそこを中心に発生した小さな円形波（青い円）が重なりあって次の円形波（太い円）を作る。

この原理を、隙間を通り抜ける円形波に適用すると隙間の真正面だけではなく音源が直接見えないところにも伝わることが容易に推察されるだろう。だから、波であ

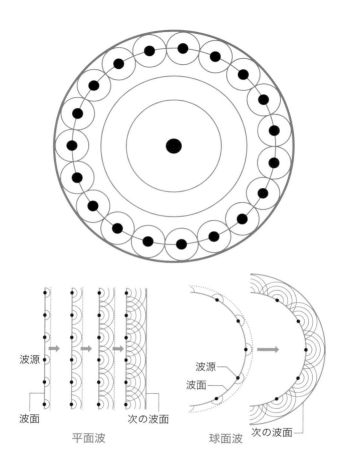

波源
波面
次の波面
平面波

波源
波面
次の波面
球面波

ホイヘンスの原理

波はその一点一点が新たな波源となり、波源を中心とする小さな円形波が発生し、全体の波形はこれらの小さな円形波の合成（包絡面）で決定されるという原理。ホイヘンスの原理は、波源を中心に球状に広がる波（球面波）のみならず、平面上を直進する波（平面波）でも適用される

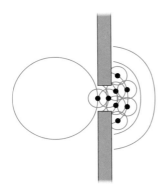

音の回折

波長に比べて狭い隙間を通過した場合、ホイヘンスの原理により全方向に波が広がってしまうので、結果的に真正面以外にも大きく波が回り込む回折現象が起きる

る音は回り込んで伝わり、光は回り込まないから光源が見えないと光も届かない。わかりやすい。

　が、ちょっと待ってくれ。高校では「光も波だ」と習ったような気がする。光の色は波長（周波数）の違いだと習った。波長の長い（周波数の低い）光は色が赤く、波長の短い（周波数の高い）光は色が青い、と。

　光も波だ、というなら隙間を通った後、回り込んで伝わらないとおかしくないか。なんで音も光も波なのに、光は回り込まず、音は回り込むんだろう。そのヒントは隙間の幅と波長の関係にある。

　いま、波長は変わらないまま、隙間の幅がずっと大きくなった場合を考えよう。隙間からの回り込みがぐっと少なくなることがわかるだろう。

　つまり、波であっても隙間の幅が波長に比べて大きいと回り込みが小さくなる。回り込みが小さい、ということは、結局、真正面にしか到達しない＝直進性が大きいということになる。

音と光の波長

　それでは音と光の波長の長さはどれくらい違うんだろうか。波の場合、

$$速度 ＝ 波長 × 周波数$$

という関係がある。音の速度は 1 秒間に約340 m。人間の耳に聞こえる音の周波数は20 Hzから 2 万Hz（Hzは 1 秒間に何回振動するか、という数である）なので、ここでは仮に2000 Hzで計算する。その場合、波長は340 mを2000で割って、約17 cmになる。

　じゃあ、光のほうはどうだろう。光の速度は 1 秒間に約30万 km。周波数は可視光でいちばん周波数が小さい赤い光で400テラHzくらい。テラは 1 秒間に 1 億回の 1 万倍振動する大きさなので、波長は30万 kmを400と 1 億と 1 万で割って、だいたい1000万分の 8 m、ということになる。つまり、音と光は波長がおおよそ20万倍くらい違うわけだ。したがって、音にとって幅50 cmの隙間は、光にとってはだいたい100万分の2.5 mくらいということになる。これはどれくらい小さいかというと細胞の大きさ（0.02mm）の 10 % くらいの幅ということになる。つまり、光も波と同様に回り込んでいるものの、たかだか細胞の大きさの10 %より細いくらいの隙間でないと回り込まない。これではほとんどまっすぐ進んでいると感じても仕方ないのではないだろうか。

　「なんて不便なんだ。光も音と同じように回り込んでくれたら楽なのに。そうしたら、部屋から廊下にいる友達

の姿を見ることもできるし、コンサートに行ってみんな
が立ち上がったら陰になってアイドルの姿が見えなくな
ったりすることもないのに」

　確かにそのとおりだ。光の波長がもっと長かったら、
きっと直接見えないものも見えて便利に違いない。

　だが、ちょっと待ってほしい。じゃあ、なんでヒトは
音を「見る」器官を発達させなかったのだろう？　音も
光も波には違いなく、ヒトは波である光を「見る」器官
を持っている。

　波と言っても光は電場や磁場からなる電磁波で、音は
空気の振動だから同じ器官で見ることはできない。耳は
音の振動を鼓膜で捉えている。だが、鼓膜で空気の振動
を検出できるならそれを使って音を「見る」器官だって
作れるだろう。もし、ヒトがそんな感覚器を持っていれ
ば、廊下で話している友人の声から姿を「見る」ことが
できて便利だったはずなのに。

　実は音を「見て」いる動物は存在する。それは蝙蝠
だ。コウモリは暗闇で飛び回りながら同じように飛んで
いる昆虫を捕まえるのに、音を使って「見る」器官を発
達させた。発達させた、と言ってもそれは普通の聴覚で
ある。みずからが発する超音波が虫にぶつかって跳ね返
ってくるのを「聴く」ことで、コウモリは「見る」こと
ができるのだ。我々が光を反射した物体を目で「見る」
ことができるように。

　コウモリが使っているのは普通の音ではなく、超音波
だ。超音波というのは普通の音よりずっと周波数が高い
から、その分波長はずっと短い（波長と周波数の積である速
度は同じだから）。波長が短ければ直進性が高く、光のよ

音を使って「見る」ことができるコウモリ。超音波を口で発生させ、反射した音を大きな耳で捉える (アフロ)

うに使って「音を見る」ことが可能になる。

　ちなみにコウモリは超音波を「見る」ためだけではなく、会話にも使っている。我々だって視覚を使って文字で意思疎通しているのだから「見る」器官で意思疎通していても別におかしいことはないだろう。

音を見る生物、光を聴く生物は存在するのか

　音の波長は前述したように17cmもある。分解能（2つの点が「2つの点」として分離して観察される最短の距離のこと）が17cmの目なんて、仮に持っていても役に立たない。だから、ひょっとしたら長い進化の過程では「音を見る」器官を発達させた生物がいたかもしれないけれど、「光を見る」ことを選択した生物に生存競争で負けて絶滅してしまったに違いない。

　じゃあ、光を聴いて、音を見る生物は絶対に存在しな

いのか。そんなことはたぶんない。まず、光の波長はうんと振動数が小さい波なら十分長くなれる。俗にいうメートル波というのは、実は波長が1mくらいの光なのである。メートル波はだいたいラジオの送受信に使われている電波の波長に近い。なんのことはない、人類だって気づかない間に、「光を聴く」装置をちゃんと発明して使っていたのだ。前述したように、音を「見る」ほうはコウモリがすでに実現している。だから、どこか宇宙の果てには、音で見て、光を聴くほうが便利な惑星があってもおかしくなく、その惑星に誕生した人類はきっと、目で聴いて耳で見ているに違いないのだ。

　見ると聞くとは大違い、という諺がある。でも、それは正しくは「波長の長い波と短い波では検出できるものが違う」と言っているだけのことにすぎない。見ている光も聴いている音も波には違いなく「大違い」なんてどこにもないのだから。

　ちなみにいわゆる電波、というのは波長が長い光＝電磁波、である。電波は波長が光に比べて長いので直進しないで音のように回り込む。スマホが室内でも使えるのは、窓から入った電波が音のように回り込んでくれるからである。もし、そうじゃなかったら、スマホを使うためにはいちいち中継局のアンテナが目視できるところに移動しないと使えない、ということになっていただろう。

　スマホの電波の波長は15cmくらいなので2000Hzの音の波長と同じくらいであり、電波はまさに光ではなく音のように、つまり、直視できないところでも伝わることができるのである。これが電場と磁場の波である電波

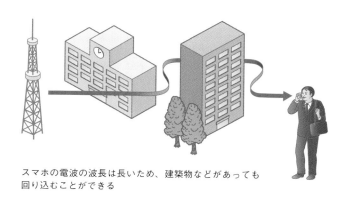

スマホの電波の波長は長いため、建築物などがあっても
回り込むことができる

が空気の振動である音波に近い「直視できなくても伝わ
る」という挙動を見せ、同じ電場と磁場の波である光の
ように直進しない理由である。物理学ではこんなふうに
「実体が何であるか」より「どんなふうに振る舞ってい
るか」のほうが重要な場合が多々あり、これが物理学を
おもしろくしている。

　光は音に比べてはるかに波長が短いが、それでも波であることには違いない。音と同様に、光にも回り込みが生じる。

　私たちの日常生活において、光の回り込みを意識することはないが、人間の肉眼では捉えることのできない微少な世界では、この光の回り込みが大きな問題となってくる。

　光学顕微鏡と呼ばれる通常の顕微鏡では、観察したい対象に光（可視光線）を当てて、反射光をレンズで拡大する。顕微鏡の性能を示す指標に分解能というものがあるが、これは、2つの点が「2つの点」として分離して観察される最短の距離のことだ。

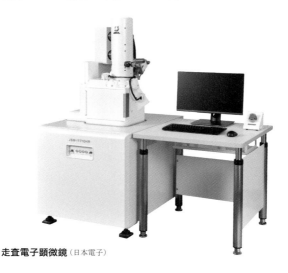

走査電子顕微鏡（日本電子）

光学顕微鏡は、理論的に100ナノメートル（1ナノメートルは0.1mmの10万分の1）以上の分解能は得られない。なぜなら、前述した、細胞の大きさの10％という光の回り込みのせいだ。この大きさより小さなものは、光が回り込んでしまうのですり抜けてしまい、光が当たっているのか当たっていないのかさえわからなくなってしまう。つまり、波で何かを「見る」ためには、対象物よりも波の波長が十分短くなければならない。

　光の回り込みの問題を解決するために開発されたのが電子顕微鏡だ。電子顕微鏡では、光の代わりに電子（電子線）を当てて拡大する。

　電子顕微鏡では、電子線の持つ波長が可視光線よりもはるかに短い。透過電子顕微鏡と呼ばれるタイプでは、理論的には分解能は0.1ナノメートル程度にもなる。そのため電子顕微鏡を使えば、光学顕微鏡では見ることができない、細菌などに比べてはるかに小さいウイルスなどの構造も見ることができる。

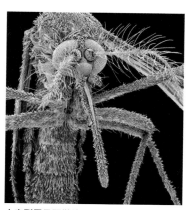

走査型電子顕微鏡で見た蚊の写真
（アフロ）

Chapter 22

宇宙と野球とドップラー効果の意外な接点

　救急車がサイレンを鳴らしながら近づいてくるときは音が高く、通り過ぎると（遠ざかっていくときには）音が低く聞こえる、という経験は誰しもしたことがあると思う。これは「ドップラー効果」というものである。

　ドップラー効果は、音波だけではなく、電磁波にも成立する。周波数が高い、つまり、ある時間に発生する波が多いほうが波の数の計測精度は高くなるので、電磁波で計測したほうが精度がよくなる。

　ドップラー効果を可視光でやった場合には、遠ざかる場合には赤く、近づく場合には青くなる。光の色は周波数で決まっていて、周波数が低いほど色は赤くなるからだ。一方、波長が短いスペクトラムの左側は周波数が高くなる。これは光源が近づく場合に相当する。つまり、星（光源）が近づく場合は星の色は青みを帯びる。

　天文学者のハッブルはこの効果を利用して地球から見てほとんどの恒星が遠ざかっていることを発見し、「どの方向にも遠ざかって見えるには宇宙全体が広がっている以外にありえない」と結論付けた。これが後にビッグバン仮説の大きな傍証となるのである。ドップラー効果、侮れない。

救急車が近づくとき

サイレンの波長

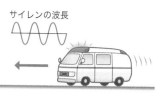

サイレンより波長の
短い高い音が聞こえる

←

救急車が遠ざかるとき

サイレンの波長

←

サイレンより波長の
長い低い音が聞こえる

ドップラー効果の具体例

観測者が音源に近づく場合は、止まっている人より早く音を受け取るので、結果的に同じ時間にたくさんの音の波を受け取ることになる。これは「周波数（＝ある時間の間に受け取る波の数）が高くなった」ことになるので音が高くなったように聞こえる。同様に音源が動いている場合でも、波の間隔が縮まるので周波数が高くなったように感じられ、音が高くなって聞こえる。逆に遠ざかっている場合にはある時間の間に受け取る波の数が減ってしまうので周波数が低くなったように感じられ、音が低くなって聞こえる。この「どれくらい音が高くなったり低くなったりするか」という程度は音源の速度で変わってくるので、音の高低変化で速度を推定することができる

紫	藍	青	緑	黄	橙	赤

380	400	450	500	550	600	650	700	780(nm)

紫	藍	青	緑	黄	橙	赤
380〜430	430〜460	460〜500	500〜570	570〜590	590〜610	610〜780

光の色と波長の関係

この図は波長と色の関係だが、光速＝波長×周波数、であり光速は一定なので、波長が長い→周波数が低い、波長が短い→周波数が高い、となる。光の波長が長いスペクトラムの右側は、周波数が低くなる。これは、光源が遠ざかる場合に相当する。つまり、星（光源）が遠ざかる場合は星の色は赤みを帯びる

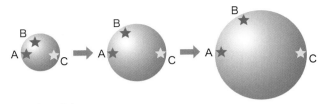

ハッブルの宇宙

ハッブルは地球から見てほとんどの星が遠ざかっていることに気づいたが、たまたま地球が中心にありそこから一様にすべての星が遠ざかっているのは偶然にしてはできすぎと考えた。代わりに彼が考えたのは風船のように全体が膨らむ宇宙である。これならばどこから見ても周囲の星は自分から遠ざかって見える

ドップラー効果の意外な応用事例

　ドップラー効果にはいろいろな応用例がある。たとえば、プロ野球などでよくピッチャーの投球の球速が表示されるが、あれは電磁波をボールに向かって照射し、反射波の振動数を検査して球速を測っているのである。反射波といえども、反射した後はボールを音源とみなすことができるので、高い周波数が戻ってくるほど、球速が速いので、簡単に球速を調べることができる。この原理で車の速度も測れるので、警察官が速度違反の取り締まりをする場合にもこの装置は普通に使われている。

　物体の速度をただ測る以外にもドップラー効果には重要な応用事例がある。画像探査装置である。健康診断のときの内臓検査や、妊娠中の胎児の様子を観察するために使われる超音波断層撮影機とか雨雲の様子を調べる雨雲レーダーは、ドップラー効果を用いている。

　ドップラー効果で検出できるのは音源の動きだけだ。超音波断層撮影機の場合は、超音波を体に照射し、反射

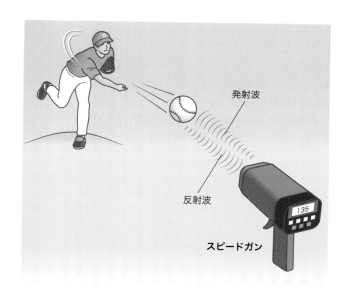

発射波

反射波

スピードガン

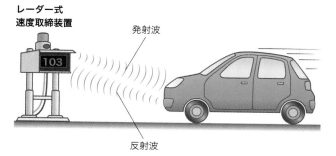

**レーダー式
速度取締装置**

発射波

反射波

スピードガンのしくみ

球速を測定するスピードガンや自動車のスピード違反取り締まりに用いられるレーダー式速度取締装置は、移動する測定対象に対して電波を放射して、反射してきた電波の周波数を測定して速度を算出する。速度が速ければ速いほど、測定される周波数は高くなる

して戻ってくる超音波を観測する。ドップラー効果で測れるのは速度だけだが、体内には血流など動きのある部分があるので、ドップラー効果で周波数がどれくらい変わっているかを表示すれば、相対的な速度の大小を濃淡で表示できる。

　雨雲レーダーも同じで、雨雲の動きを可視化できる。雨雲に向かって発射した電磁波にドップラー効果を併用することで位置と速度を同時に計測できる。

　位置の遠隔測定に加えて、ドップラー効果を用いて速度も同時測定する方法は広がりを見せている。たとえば、自動運転車が自己の周囲をレーダーを用いて計測するLiDARというレーザー光を用いた一種のレーダーがある。LiDARは自動運転を実現するためのキーデバイスだ。機械学習を用いたAIが自動運転のための欠くべからざる頭脳であるとするならば、LiDARのほうは自動運転に不可欠な目ということになる。

　このLiDARは最近はiPhoneにも実装されている一般的なデバイスとなったが、電磁波の一種である光の反射を用いているので、原理的には反射光の周波数を調べることで対象の速度も同時計測できる。

　車で自動運転を実施するためには、自動運転を制御する車載コンピュータが、車に向かってくる物体と遠ざかっていく物体を正しく認識する必要がある。従来は連続した時間の計測の差分から速度を推定していたが、ドップラー効果を併用することで位置の確認と同時に速度を計測して、自分に向かってくる危険な物体か、遠ざかっていくとりあえずは気にしなくてよい物体か瞬時にわかるようになった。

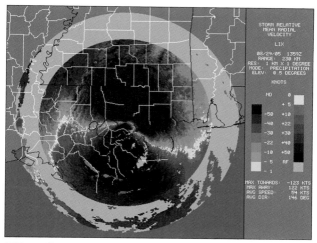

雨雲レーダーの画像
中心にレーダーがあるので近づいてきているか遠ざかっているかを色の
濃淡で可視化できる（National Weather Service）

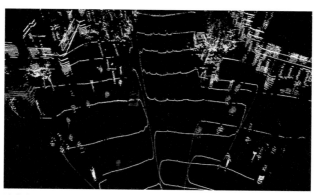

速度表示付き LiDAR の画像（Blackmore）

今後も位置に加えて速度も同時計測できるドップラー効果の可視化装置との併用は技術的に広がっていくことが予想される。

Chapter 23

アルゴリズム体操から学ぶ 屈折のふしぎ

「屈折」という言葉は日常的によく使われる。一般的な意味では、性質や心情に、素直や単純でないところがあることを指す。

一方、高校物理にも「屈折」が登場するが、人間に使われる場合と同様にともかくまっすぐじゃないことを表現する。

何がまっすぐじゃないかというと、波動がまっすぐに進まずに曲がることをいう。もう少し丁寧に説明すると、音波や光など媒質中を進行する波動が、ある媒質から異なる媒質に進む際に、その境界で進行方向を変えることを指す。

波動は基本的に直進しかしない。曲がるとなれば「何か」が場所によって変わっていなくてはいけない。質点であれば、力が働けば運動の方向を変えることができるが、波動自体に直接力を及ぼすのは無理なので、別のことを考えなくてはならない。

アルゴリズム体操と屈折

波は空間を伝わっていく間、周波数は変えられない。これは以下の簡単な思考実験から理解できる。『ピタゴラスイッチ』という子ども向け番組がある（大人のファンも多いが……）。そこで「アルゴリズムたいそ

テレビ番組でおなじみの「アルゴリズムこうしん」
番組では、アルゴリズム体操を一列に並んで斉唱して行うことをアルゴリズムこうしんと呼んでいた

う」という歌いながらユーモラスな動きをする体操がいつも披露されていた。

　これは、立ち上がったりしゃがんだり、時に腕を伸ばして振り回したりする体操で、1人でやっている分には意味がわからない。だが、これを1列に並んで斉唱形式で披露すると、ユーモラスな一連の動きが見えてくる。

　アルゴリズム体操のやり方はこうだ。まず2番目の人は1番目の人に1小節遅れて歌いながら体操を始める。3番目の人は2番目の人に1小節遅れて、というふうに順番に歌いながら体操をするのである。すると1人で歌いながら体操をしていたときは意味がわからなかった、立ったりしゃがんだり伸ばした手を振ったりという動作が、ちゃんと同期していることがわかる。

　波の進行はこの斉唱が順番に始まっていく状態だと思えばいいし、一周期は同じ動作が繰り返されるまでの時間、そして波長は同じ動作をしている人間の間隔と思えばいいだろう。さて、「波長」のほうはある程度の自由

（NII TODAY 第66回「アルゴリズムと数理研究の融合」の図をもとに作成）

があることがわかるだろう。一列に並ぶ、と言っても等間隔である必要はないだろう。

だが、周波数のほうはそうはいかない。歌のテンポ（周波数に相当する）を変えてしまったらだんだんずれが蓄積して体がぶつかってしまう。だから、波が伝わっていくときは、波長はわりとどうでもいいが、周波数はちゃんと決めないといけないのである。

周波数が同じで波長が変わると何が変わるかというと波の速度が変わる。並ぶ間隔を少し大きくすれば、斉唱が空間を伝わっていく距離が大きくなるので、結果的に速度が速くなる。

以上のことから、波動の性質として、

「周波数は変えられないが速度は自由に変わる」

という性質があることがわかる。

波の速度は媒質で大きく変わる

　実際、波の速度というのはわりと簡単に変わる。硬めの物質は変位の影響が遠くまで伝わるので、速度が速くなる。たとえば、音は空気中を伝わるより、鉄管を伝わるほうがずっと速い。一方、重い物質は動きにくいので音が伝わりにくく、音速は遅くなる。

　以下の表で「密度」が重さを、「体積弾性率」が硬さを表現している。鉄は空気より「硬くて重い」わけだが、密度のほうは6500倍くらいなのに対して、体積弾性率は100万倍である。結果、「重さ」（密度）より「硬さ」（体積弾性率）がものをいうので、鉄を伝わる音速は、空気を伝わる音速の約13.55倍も速くなる。

　速度が可変な波動は音だけではない。たとえば、水面を伝わる波。池にぽちゃんと小石を投げ込んだときに伝わっていく波紋である。この水面波の速度は水深によっていて、深いほど速度が速くなる。

　また、波は、速度が遅い領域から速い領域に斜めに入ると、遅い領域に向かって曲がることがわかる（右ページの図）。蜃気楼や逃げ水のとき、光は空気が濃いほう

	音速 c (m/s)	密度 ρ (kg/m³)	体積弾性率 κ (Pa)
空気	343	1.2	1.4×10^5
ヘリウム	970	0.18	1.7×10^5
水	1480	1000	2.2×10^9
氷	3940	900	1.4×10^{10}
鉄	4650	7860	1.7×10^{11}

さまざまな媒質内での音速（小野測器HPより）

に向かって曲がっていたが、これは空気の密度に関係する。光は密度の低いものの中を伝わるほうが速度が速いので、光は「速度が遅いほうに曲がる＝空気の密度が濃いほうに曲がる」という性質を持つ。棒を水に突っ込ん

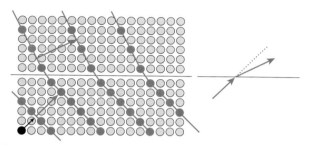

方向を自由に決められるアルゴリズム行進
どの方向にも斉唱をつないでいけるくらい人がいっぱいいるとする。左下の黒丸から斜め上に向かって斉唱を始めたとし、しばらく時間が経ったときの状況を示している。赤い丸は同じところを歌っている人を示し、水平線より上のほうが下より速度（赤い矢印の長さ）が速いとする。
（1）隣が順に歌い始める斉唱なので水平線の上下でとびがあってはいけない、（2）上のほうが速度が速くなくてはいけない、という2つの条件を満たすには方向を変えるしかない。この結果、波の進行方向は必ず「速度の遅いほうに向かって曲がる」

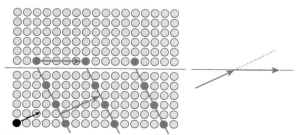

全反射
（1）と（2）の条件を満たそうとすると速度の速い領域の進行方向が水平になってしまい、波が上側の速度の速い領域に進入できなくなってしまう

で上から眺めると曲がって見えるのも同じ理由である。

　また、それぞれの波の速度を一定に保ちながら速度が遅いほうの波の進行方向だけを徐々に水平に近づけていくと、先に速度が速いほうの波の方向が水平になってしまうことがわかるだろう（前ページ下の図）。この場合、波は速度の速い領域に入っていくことができなくなってしまう。これは全反射と呼ばれており、この角度より浅

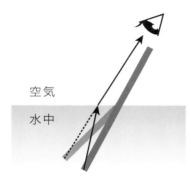

空気

水中

棒を水に突っ込むと棒の先端から出た光は水面のほうに曲がる（水中のほうが光速が遅いので遅いほうに向かって曲がる、という原理から）。しかし、人間にはそんなことはわからず水中でも光はまっすぐ進むと解釈するので点線のように「曲がった棒」を見る羽目になる

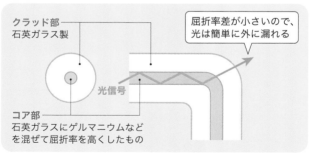

クラッド部
石英ガラス製

屈折率差が小さいので、光は簡単に外に漏れる

光信号

コア部
石英ガラスにゲルマニウムなどを混ぜて屈折率を高くしたもの

光ファイバーはガラス製で外部の空気より光速が遅い。全反射条件以下の浅い角度で入射すると光は外に出てこないので「透明で光を通すのに外には出てこない」という一見矛盾した条件を両立することができる

い角度で入った波は全部はじきかえされてしまう。

この全反射はいろいろな局面で技術として使われている。たとえば、光ファイバー。光ファイバーは透明な細いガラスの繊維でできている。光ファイバーは、材質の異なる「コア」と「クラッド」によって構成される。光ファイバーでは、光が全反射条件以下の浅い角度で入射すると光は外に出てこない。この性質があるがゆえに、「透明で光を通すのに外には出てこない」という一見矛盾した条件を両立することができる。しかし、光ファイバーを曲げてしまうと、光が漏れてしまう。

偏光と反射

いままでは波の周波数や波長の話を主にしてきたが、波にはほかに別の重要な要素がある。それは「振動の方向」という要素である。

下の2枚の写真は運転席からフロントガラス越しに見た外の景色である。左側の写真にはダッシュボードに置かれた書類がフロントガラスの内側に映り込んでいる

フロントガラスに映り込んだ書類（写真左）。しかし、特殊な加工をしたサングラスをかけると、映り込みが消えてしまう（写真右）（イトーレンズ）

が、右側の写真にはこの映り込んだ書類の影はない。右側のダッシュボードにも書類は置かれたままなのに。どうやったらこんな器用なことができるのか？　これはけっして最近はやりの機械学習による画像処理の結果ではない。実はこれは特殊な眼鏡をかけて、映り込みを消しているのだ。

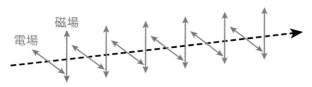

変動する磁場と電場が交互に宇宙空間を伝わっていくのが電磁波（再掲）

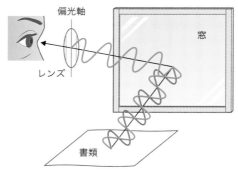

偏光と反射

Ｐ偏光（赤）とＳ偏光（青）とは単に偏光の方向が90度ずれていることを示しているだけである。Ｐ偏光のＰは「parallel」（ドイツ語の平行）のＰ、Ｓ偏光のＳは「senkrecht」（ドイツ語の垂直）を表していて90度偏光の角度がずれていることを意味している。

Ｐ偏光は紙面に垂直な振動なので、反射面（窓の表面）に垂直に振動していて反射できないが、Ｓ偏光はこの紙面に平行に振動しているので、反射面に平行に振動していて反射できる

どうしてこんなことが可能かということを説明するにはまず、偏光について説明しないといけない。光は、電磁波の一種であり、電場と磁場が直交した方向に交互に現れたり消えたりしながら進んでいく波だということは説明した。

　さてここで直交していて周期がずれている2つの電磁波が同時に存在した場合を考えよう。現実の光は、こんなふうにただの振動じゃなく、螺旋を描きながら進んでいることのほうが多い。こういう光がガラスに当たって反射したらどうなるか？

　本書のレベルを超える説明になるため、ここでは詳細な説明は省略するが、反射するとき実際に反射するのは反射面に平行に振動している成分だけだ。垂直な成分は反射できない。だから窓ガラスに映っている影は振動の方向が限られている。そこでこの方向と垂直な光しか通らない偏光子という特別なガラスを通して見ると、反射光だけが消えるのでこの窓ガラスのように映ったものだけを消すことができる。

　つまり、人間のほうが偏光子に相当する眼鏡をかけると反射光が見えなくなってあたかも反射がなくなったかのように見える。

　いまやこんなことができても誰も驚かなくなってしまったが、機械学習を使わなくてもいろいろな工夫をして人類は画像処理をしてきた。多くは物理学の原理を応用して。

波動と原子・分子のあいだ

波動説 vs. 粒子説

　力学で有名なニュートンは光学の研究者としても有名だった。高校の物理実験でも出てくるニュートンリングにその名前が残っている。ニュートンリングとは、平面ガラスの上に、球面レンズを置いて固定して、それを上から単色光を当てると、同心円状のリングが見えることをいう。その名のとおりニュートンが発見したリングである。

　彼は、ほかにもプリズムを使って分光を行い、白色光がいろいろな色の光の合成だということを証明したりし

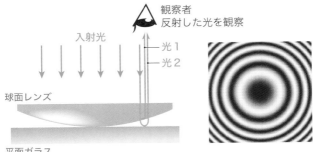

ニュートンリング

入射光は球面レンズの下の面で反射する場合（光1）と平面ガラスの上の面で反射する場合（光2）がある。下の面で反射する光2でのみ起きる位相の逆転を考慮すると、光2が通過する空気層の往復の厚さ（距離）が波長の半分の長さの奇数倍なら明るくなり、波長の半分の長さの偶数倍なら暗くなることが知られている（が、本書では説明を省略した）

た。こんなに優秀な光学の研究者だったニュートンだが、実は光について大きな勘違いをしていた。なんと光が粒子だと思っていたのだ。なぜそんな勘違いをしたかと言えば、それはあまりにも光の直進性がすごかったからだ。あそこまでまっすぐ進む光が波だとは考えにくかったのだろう。結果的に光は波であることがわかり、ニュートンは誤りを認めた。同じものが同時に波であり粒子であることなどないのだから。

　最新の物理学の研究成果を学んだ我々から見たらなんでニュートンほどの人物がこんな間違いをしたのかと思うかもしれないが、歴史を紐とくと話はそんなに簡単ではなく、粒子説と波動説の争いは何百年も続き、時によって波動説が有利だったり粒子説が有利だったりした。

　波動説の弱みはなんといっても光が「何もない真空を伝わる波」だということを受け入れがたかったことであ

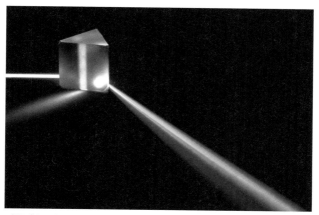

プリズムによる分光 （アフロ）

る。波動というからには何かが振動していなくてはいけないが、光は空気中も水中も通過するのだ。光が「何か」の振動だとしたらまったく違う媒体である空気と水を同じように通過できるわけはない。光の振動が「何の」振動なのかを説明できない波動説はどうやっても信用してもらえなかった。

　一方、粒子説ではニュートンリングの縞模様の間隔を何が決めているのか説明できない。波動なら波長があるから「長さ」を決めることができる可能性があるが、もし、粒子だったら周期なんて発生しそうもない。

　結局、光は磁場と電場の振動である電磁波だということがはっきりし、だから真空中を伝わってもOKなんだとわかる19世紀末まで決着はつかなかった。

　翻って20世紀、ひょんなことからニュートンの無念が晴らされることになる。なんと一度は波動だと思われた光が実は粒子だとわかったのである！　しかし、光は波だということで決着がついたのではなかったか？　なんでやっぱり粒子だなんてことになったのか？　それは新しい科学が確立されたから。

　その科学の名前を量子力学という。

第5部
原子・分子編

　原子・分子編は有り体に言って高校の物理だと蛇足の
レベルに属する。書いてあることはほぼ羅列的だし、読
んでも内容が理解できるとは思えない。だいたい、多く
の内容は大学で学ぶ内容であり、ここで結果だけ書かれ
てもわかるとは思えない。
　しかし、それも癪なので、ここではある程度何かしら
わかったような気持ちにちょっとでもなっていただこ
う。

Chapter 24

なんとも不条理な「不確定性原理」

　不確定性原理は、量子力学では比較的有名な原理で、多くの高校の教科書にも名前だけは出てくることが多いが、実は、広く不確定性原理と呼ばれているものには多くのバージョンがある。

　運動量の不確定性 × 位置の不確定性 ≧ プランク定数

という式は、その最大公約数なところを雑にまとめただけの不等式にすぎないし、「位置と速度を同時に決めることはできない」という常套句もかなり雑な言い方である。量子の世界では「同時に」とか「決める」という当たり前の言葉がそうそう簡単に定義できないからだ。

　そもそも、このプランク定数という定数の発見の歴史が（悪い意味で）振るっている。ご多分に漏れず、このプランク定数のプランクは人の名前なのだが（正確にはマックス・カール・エルンスト・ルートヴィヒ・プランク）、そ

黒体放射を説明するプランクの法則を発見し、量子力学の創始者の一人とされるマックス・プランク

もそもこのプランクさんは、このプランク定数という定数を求めたとき、自分が量子力学という新しい科学を作っているという自覚はさらさらなかった。

　じゃあ、何を研究していたかというと「物体の温度を非接触で測る」というきわめて現実的で工学的な問題を解決しようとしていた。彼が活躍していたのは20世紀初頭、西欧列強が覇を競っていた時代で、他国に先駆けて重工業を充実させることは焦眉の急であった。当時、「産業の米」と言えばまごうことなく鉄であった。

　製鉄は、基本的に鉄鉱石を熱して融かすことでなされる。つまり、鉄が融けるような高温を正確に測れないと鉄を効率よく大量に安価に速く生産することはできない。しかし、どろどろに融けている鉄に温度計をつっこんでも融けてしまう。じゃあ、どうする？

　そこで誰かがうまいことを考えた。物体を熱すると色が変わる。たとえば、ガスの炎色は温度が高ければ青い。低ければ赤い。星の色が赤かったり青かったりするのも基本は温度の違いだ。だから、色と温度を関係づけることができれば、非接触で温度が測定できる。

　ところが、当時の熱力学では温度と色を関係づけるうまい式を導くことができなかった。この問題を解決したのがプランクだ。だからプランク定数は、色と温度を結び付けるときに実験的に計測された定数にすぎなかった。

　　プランク定数：$6.62607015 \times 10^{-34}$ J・s

（J・sはジュール秒）

　この定数だけ見ても、まるで量子力学に関係しそうも

ない。ところが、いまとなっては、量子力学でもっとも
たいせつな式とでも言うべき式に登場する重要な定数に
なったのだから侮れない。

　つまるところ、量子力学は熱力学を「正しく」解釈す
るために誕生したと言っても過言ではない。多くの粒子
が集まったときにしか成り立たないはずの熱力学を成り
立たせるために、一個一個の粒子を支配する法則である
量子力学が作られた、と思うとなんとなく本末転倒な気
もする。

　こんな数奇な出自を持つプランク定数を含む不確定性
原理の式であるが、この源は複数ある。

　たとえば波と粒子の二重性。量子の世界には粒子はな
く、あるのは波だけなので、空間的に局在した波（＝波
束）を作ろうと思ったらいろいろな波長の波を重ね合わ
せるしかない。

　ところが、量子力学では波長の異なる波は異なった運
動量を持つので、空間的に局在した波束を作ろうといろ
いろな波を合成すればするほど、運動量の不確定性はあ
がっていくという二律背反なことが起き、これが位置と
速度を同時に決めることを妨げる。なぜなら、波束は異
なった波長の波を掛け合わせないと作れないが、量子力
学では波長が異なると運動量も異なるので、たくさんの
波長の波を合成すると、今度は運動量が不定になってし
まう。この結果、位置と運動量を同時に決めることがで
きなくなってしまう。

　不確定性原理のもうひとつの源は観測による攪乱であ
る。粒子の位置を特定しようと強い光（＝電磁波）を当
てると粒子が動いてしまうので運動量の測定が不正確に

なる。かといって弱い光を当てると今度は位置の特定が不正確になってしまう。このため、位置と速度を同時に精度よく決めるような光の当て方が存在しなくなってしまう。

　不確定性原理のいちばんの理不尽な帰結は「静止が存在しない」だろう。静止とは「物体が速度ゼロである場所に止まっていること」なので「速度がゼロ」という速度に対する測定と、「場所」の正確な測定が行われないといけないので不確定性原理とは相いれないのだ（どこにいるのかわからないがともかく速度はゼロである、という測定なら可能である）。これほど理不尽な不確定性原理であるが、これが世界の真実の姿である。

Chapter 25

この世の物質は「波」である！

　量子力学には、不確定性原理以外にも、常識では計り知れないものが多い。たとえば、フランスの物理学者ド・ブロイが、光子の粒子性と波動性を結びつけるために導入した概念である「ド・ブロイ波」（物質波ともいう）の関係式は、かなりぶっ飛んだものだ。

波長 ＝ プランク定数 ／ 運動量

　何がどうぶっ飛んでいるのか。実は、この式は、「ある運動量で飛んでいる粒子は、どんなものであっても、上の式で与えられる波長の波でもある」というトンデモない式なのである。

　この式はたとえば、ある速度で飛んでいる野球のボールも波動だ、という式なのである。しかし、どう考えても野球のボールは波には見えない。しかし、量子力学が正しければ、波でなくてはならないという。普通に考えたらとても理解できたものではない。

　驚くべきことに、ド・ブロイ波の式だけならちゃんと高校物理の教科書に書かれている。そしてこの式から、量子力学で原子の構造がどう描写されているかを、理解するのはほんのあと一歩だけなのである。

　量子力学によれば、この世のものは全部波動だということになる。波だから、波動編で学んだような、反射や偏光、屈折などの現象は一通り実現する。「でも、物体

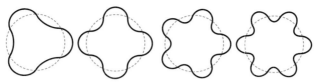

ド・ブロイ波による原子の記述
原子核の周囲を回っている電子も波であり、定在波でなくてはならず、ある限られた波長しかとれないと主張した。これは結果的に電子の運動量もとびとびの値しかとれないことを意味するが、この仮説が当時実験的に知られていた水素原子から出る光のスペクトルの離散性（とびとびの値の波長の光しか観測されない）を定量的に説明してしまったため、いきなり量子力学における波動と粒子の等価性が重要だということになってしまった

が屈折したところなんて見たことない」と言うかもしれないが、実はそんなことはなく、普通に毎日目にしている。

　たとえば、力学編で登場した「斜方投射」。これは屈折で理解できる。屈折では波長が短いところから長いところに入ると、光が波長が短いほうに向かって曲がることを説明した。また、波長が連続的に変わっていると光の軌跡が曲線を描くことを学んだ。

　斜方投射では上に上がるほど速度が遅くなって波長が長くなるので（ド・ブロイの式）、斜方投射の軌跡は、屈折で理解できる。僕らはこれを「重力が働いて曲がった」と思っているがそれは「錯覚」であり、本当は「この世の物質はみなド・ブロイ波で表現される波なので波長が変わると屈折する」ということにすぎない。

　なんで毎日「屈折」を見ているのに僕らはそれが「屈折」だと気づかないのか、というとド・ブロイ波の波長がとても短いからだ。

プランク定数はとても小さな数なので運動量がよっぽど小さくないと（運動量、つまり、速さに反比例する）波長がとても短くなってしまうので波に見えないのだ。一方、屈折は波長の長さの比にしか関係しないからどんなに波長が短くても成り立つ。

　現実の世界は量子力学にしたがっている。つまり、極論すれば、高校の物理で習う力学は嘘っぱちなのだ。それは生物が作り上げた偉大なる幻影、つじつま合わせに過ぎない。それでも、量子力学の教えるところは、ほとんどの場合、高校物理の力学の結果と一致している。真実とはまったく違うにも関わらず、現実を非常にうまく記述する科学を作り上げた生物の脳には驚きを禁じ得ない。

おわりに

　さて、講談社現代新書初の試み、高校物理の入門書の読後感はいかがだったろうか？　現代新書は当然の様に僕が子どもだったころからあり、クリーム色の表紙で文化の香り漂うハイソ（死語！）な新書というイメージだった。その現代新書に自分が物理の入門書を上梓するとはその当時は夢想だにしなかった。「はじめに」にも書いたが、本書は、現代新書を愛読される文系読者や高校物理に挫折した読者の学び直しのために書き下ろした入門書である。オーソドックスな教科書や参考書を期待された向きには「思っていたのと違う！」かもしれないが、こうした企画意図を汲み取り、御寛恕いただきたい。

　この本の企画立案者であり、また、担当編集者でもある髙月さんには（文系読者代表ということで）最初の原稿から読んでいただいて丁寧なコメントをいただき、図版の選定でもおせわになった。本当に感謝しています。
　また、イラストレーターの千田和幸さんにはわかりやすいイラストをたくさん描いていただいて感謝しています。これらのイラストがなかったらここまでわかりやすい（？）本にはならなかったと思います。
　校閲の二瓶香代子さんには多くの間違いを正していただき、感謝のことばもありません。

講談社現代新書 2738

学び直し高校物理
挫折者のための超入門

2024年2月20日第1刷発行　2024年6月21日第5刷発行

著　者　田口善弘　©Yoshihiro Taguchi 2024

発行者　森田浩章

発行所　株式会社講談社
　　　　東京都文京区音羽 2-12-21　郵便番号 112-8001

電　話　03-5395-3521　編集 (現代新書)
　　　　03-5395-4415　販売
　　　　03-5395-3615　業務

装幀者　中島英樹／中島デザイン

印刷所　株式会社KPSプロダクツ

製本所　株式会社国宝社

定価はカバーに表示してあります　Printed in Japan

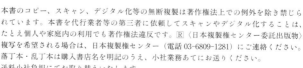

N.D.C.420　269p　18cm
ISBN978-4-06-534692-1

「講談社現代新書」の刊行にあたって

教養は万人が身をもって養い創造すべきものであって、一部の専門家の占有物として、ただ一方的に人々の手もとに配布され伝達されうるものではありません。

しかし、不幸にしてわが国の現状では、教養の重要な養いとなるべき書物は、ほとんど講壇からの天下りや単なる解説に終始し、知識技術を真剣に希求する青少年・学生・一般民衆の根本的な疑問や興味は、けっして十分に答えられ、解きほぐされ、手引きされることがありません。万人の内奥から発した真正の教養への芽ばえが、こうして放置され、むなしく滅びさる運命にゆだねられているのです。

このことは、中・高校だけで教育をおわる人々の成長をはばんでいるだけでなく、大学に進んだり、インテリと目されたりする人々の精神力の健康さえもむしばみ、わが国の文化の実質をまことに脆弱なものにしています。単なる博識以上の根強い思索力・判断力、および確かな技術にささえられた教養を必要とする日本の将来にとって、これは真剣に憂慮されなければならない事態であるといわなければなりません。

わたしたちの「講談社現代新書」は、この事態の克服を意図して計画されたものです。これによってわたしたちは、講壇からの天下りでもなく、単なる解説書でもない、もっぱら万人の魂に生ずる初発的かつ根本的な問題をとらえ、掘り起こし、手引きし、しかも最新の知識への展望を万人に確立させる書物を、新しく世の中に送り出したいと念願しています。

わたしたちは、創業以来民衆を対象とする啓蒙の仕事に専心してきた講談社にとって、これこそもっともふさわしい課題であり、伝統ある出版社としての義務でもあると考えているのです。

一九六四年四月　野間省一